U0070917

大車拚

台灣車壇贏的策略

邱文福　著

大車拚再版序

邱文福

一九九四年初夏，我辭去聲寶企業團汽車事業旗下英國 Rover Group 行銷處工作後，決心碰觸電腦撰寫「大車拚」一書。撰稿期間恰好當年的卓越文化出版公司叢書總編輯劉君約稿，成為積極寫書的另一動機，因此得以在四五個月時間內完成。寫完後卻一直等到一九九五年春才出版，出版後，正遇上卓越文化財務惡化出現狀況的時間點，於是這本書出版上架不久後，就再也找不到。

當初撰寫本書時，主架構是以台灣加入 WTO 的談判中，有著對汽車業的規範條例，原先未開放進口的國家地區，台灣必須對他們先讓步，接受一定的配額進入台灣市場。因此，我從戰略規劃的思考角度，預估最有利基因素的日系高級車應會優先闖關，對德系高級車在台灣的市場有所影響，以及後續連帶的市場排擠效應。這其實是一個很有意思的個案，因此以此作為切入模式來架構本書內容。

因為是戰略性的假設與推估，所以把各車廠車商的營運基礎是設定為平行位階的，也就是說本田的 Acura、日產的 Infiniti 與豐田的 Lexus 是從完全相同的起跑位置發動攻擊的。如今已是二〇〇三年的中葉，台灣市場上的日系高級車只有 Lexus 對歐系高級車造成一定的壓力。當年，我在書中預估豐田汽車必然以站上第一位作為市場目標，並以「成為別人競逐的對象」為使命，如今均已實現。而許多八年前的推測，竟然相去無多，我服務過的，在四年內營收成長二十倍，銷量擴張一百倍，盈餘成長五十倍，在一九八八年成為台灣第十大服務業的企業，如今卻是消失無蹤了，因此連自己都要感嘆專業經理人的無奈！

從一九九五年本書出版到二〇〇三年的今天，台灣的政經局勢已經徹底的變化。政黨輪替之外，人類第三波文明（從農業文明而工業文明再是網路文明）已經全面席捲過來，這完全印證聖經以賽亞書三十章 15-16 節的話「主耶和華以色列的聖者曾如此說：『你們得救在乎歸回安息，你們得力在乎平靜安穩；你們竟自不肯。』你們卻說：『不然，我們要騎馬奔走。』所以你們必然奔走。又說：『我們要騎飛快的"牲口"』，所以追趕你們的，也必飛快。」人類走入工業文明不過兩百多年，台灣從日據時代進入國民黨主政後十餘年才接觸工業社會，不及三十年突然墜入完全不同的新文明世代，當然有著適應的問題。

有趣的是，台灣車業與車市的變化，八年後的今日回過頭去看我當初所言，卻有人嫌我看法有些保守，因本來預估不好的，更不好了，說會不錯的，更好了。但其實，「贏家通吃」的現實變化，在十倍速時代必然是更快更大的。

大車拚再版序

從撰寫本書到現在，我經歷過一九九六年 Chrysler 總經銷總經理的工作，卻在加入一個月後，發覺總經銷模式生變的機會極大，於是提報董事長，從繼續經營但需備出因應策略、終止合約轉換他牌汽車以及先終止關係再做因應的三個選擇方案。最後在一九九七年三月，提出終止合作議題，同年六月結束關係。另外三家除了太古集團以策略理由續與合作外，包括另兩家總經銷商，當年都損失六千萬元以上。我在同年七月下旬離開 Chrysler 陣營，加入另擁有 Volvo 大小車總代理的太古集團，出任公共事務副總經理，面對因售後服務處理不當受盡困擾的所謂「暴衝事件」，八個月後辭職，原擬撰寫「危機與轉機」一書，運用該事件作為案例來探討企業經營的危機管理，後因該事件過於荒唐而做罷，得稿四萬餘字。一九九九年底在潘氏集團士新汽車與 Chrysler 結束關係頻臨解散之際，引進慶豐集團的慶眾福斯休旅車及韓國現代汽車的經銷權，並自己擔綱負責營運。到二〇〇〇年，出任慶豐集團大家長黃世惠先生的特別助理，十個月後，認為在工作上無力回天，遂辭職返家。

並計劃撰寫兩本書告別台灣車壇，一為「車壇縱橫」，是「大車拚」的新版；一為「車界風雲」，寫「汽車生死學」外加「新車學」及「中古車學」共三部分。兩本書的部分內容，其實曾在網路尚未泡沫化之前，與 u-car 網站有過合作計劃，因此目前在網站上仍可見到。

告別台灣車壇，是因為台灣汽車市場早在一九九五年間就呈飽和狀況，而國際車廠的整合運動持續發展，在台灣已成為少數企業集團壟斷的局面，專業經理人的發展空間已被嚴重擠壓，許多大集團紛紛調派人員轉戰中國大陸市場。以我的歷練、年紀、機緣與性格，在慶豐集團無法對董事長發揮良性建言的情形下，又被相關主管採取「封喉」策略後，只能採取走為上策。從此若不能從事相關顧問教育或訓練工作，將不再存有戰鬥位置，偏偏在台灣，沒有幾個產業能容下「異言」。記得在一九九八年曾接受中國生產力中心之邀，幫當年面臨轉型的國產汽車公司講說過一堂課，我就老實不客氣地以「鐵達尼號」破題，直接挑戰企業迷航的危機，在場只有幾位資深同業在課後私下沉重的與我交換意見。

總之，在台灣的汽車產業，繼續排擠下去後，能存留的將只剩國際車廠積極支持的裝配廠。但是可以動的汽車休閒產業這個區塊，卻完全沒有動起來，顯然可見的是國家經營機器出問題，這個區塊是台灣經濟轉型必然要走的道路，是所謂發展觀光大略下最重要的「主題」觀光，可以迅速投資，短期見效，又能創造就業機會，帶動商機，我曾經多次建言，卻毫無作用。因此汽車專業人才就必須往中國大陸發展，因為對岸的汽車業正要起飛！

然而汽車在台灣並不是完全不可為，是競爭日益激烈，是新入者門檻加高，是經營能力面對大考驗，但台灣車市，事實上仍是全球前二十五大市場，並非完全不可為，只是競爭更為激烈罷了。事實上，在資訊發達的年代，每一個市場的機會都很短暫，我曾受邀赴越南觀察汽車市場商機，那是一年約兩萬輛的市場，人口八千萬，土地狹長達三千公里，南方首都胡志明市就佔去百分之七十五的地方，市場競爭的狀況根本也和台灣今日沒有兩樣！因為，全球都在十倍速的透明世界中，沒有隱藏不見偷偷致富的商機。中國大陸亦然，沿海區域兩億六千萬人口的地區，國民所得已經逼近五千美元大關，汽車市場的競爭，決不是上海通用拿巴西版「賽歐」充數的時代，即有，壽命也是極為短暫的。因此，上海通用在二〇〇三年上海車展時，同時就推出全新設計的「凱悅」車系。長安福特的「愛康」走的是同賽歐一樣的版本，以此觀察推測，長安必然在年內就需推出新車應市。

總的來說，商業競爭在網路文明的時代，連汽車造型的更替都必須跳脫過去八年一變四年一改的思維，要面對兩年週期的挑戰，全球皆然。這些種種，在個人近幾年來自我充實的行動中，包括參加中華企業經理人協會的 Mini-EMBA 以及澳洲國立昆士蘭大學與北京大學合作的 MBA 學程後，更加感到時代速度變化的驚人壓力，更替自己的下一代們的未來感到驚心動魄。

由於「大車拚」一書仍是唯一針對台灣車市，進行全面剖析的專書，涉及歷史、市場、品牌以及進入行業門檻的書籍，許多朋友常問為何不再版。故我其實有在想改寫成如教科書一般，以能夠持續的長銷不墜為最高理想，或者找到某車廠為贊助商，把書印得可看性更高一些。但是忙碌之中，事不易圓。因緣際會，本次先行原書重印再版，並未包括前面提到的「車壇縱橫」與「車界風雲」兩書的內容，期望日後有機會再整理出版，甚至加入「危機處理」或年少輕狂時的散文創作等作品，一者看讀者口味，一者要看自己文字魅力還存在與否了。

標得政府POD（Print On Demand）業務的秀威公司宋政坤總經理，他也是一位基督徒弟兄，月前，在與之閒聊中，知道我曾經出版過這麼一本書，而他的股東裡正好也有曾在車業擔任高階經理人的夥伴，因此鼓勵我重新印製發行本書，我卻苦於手邊竟找不到原書。恰好不久前在一次基督徒好友們話家常時，余光化弟兄拿出當年送請他指正的書要我補簽名，這樣的巧合，讓我感覺到上帝的奇妙，於是情商他先行割讓，以便透過POD需求印製法重新印製。他日有幸再整理其餘篇章，就教方家。是為序。

二〇〇三年初夏

作者序

汽車業如何迎接二十一世紀？

「以耶和華爲神的，那國是有福的，祂所揀選爲自己產業的，那民是有福的。」

——詩篇三十三：12

瑪麗安・凱勒（MARYANN KELLER）在其新作《21世紀汽車大對決——通用、福斯、豐田三大車廠贏的策略》中，詳細描繪了這三家公司創廠至近十年的變化，並指出在邁入下一個世紀之前，各廠牌必須注意的問題。作者長期對汽車市場的觀察入微令人嘆爲觀止。事實上，在台灣從來沒有像瑪麗安這樣的觀察家，也沒有這樣的環境讓這樣的人在國內生存下來。

記得在一九八一年，國內第一本汽車專業雜誌出刊時，筆者即曾爲文「批評」過一、二家汽車公司在經營上的缺失，不意竟使得該雜誌廣告部被警告，威脅停止刊登廣告，從此類似的文章就不再出現。而後筆者除了汽車公司的工作外，亦在《聯合報》等報刊雜誌發表有關汽車與交通等的文章。

筆者多年來無法忘情於汽車事業的不只是車型的多變，還有汽車工業對一個國家邁入現代化的重要性，試觀G七爲例——美國、日本、英國、法國、德國、義大利以及加拿大，除了加拿大之外，無一不是汽車大國。再者，汽車在人類歷史上不過一百多年，卻改變了整個人類的生活型態，都市發展與社會結構也出現重整。

比較可惜的是，國民政府來台初期乃至十年前，主要決策人士都是汽車族中的後座族，缺乏前座經驗，無法瞭解前座所遇到的機械問題、交通問題，更遑論枝節的停車問題，還有商業、建築、社區發展與大衆運輸系統、工業發展、產業規畫與科技升級等相關結構問題，造成台灣經驗裡缺少汽車文明的遺憾。

進入八○年代，台灣經歷了歷史上中國人最大的變局，政治解嚴、土地重估、台幣增值、民權高漲、文化失調、國民平均所得突破一萬美元，更早在五○年代就號稱擁有汽車工業，這和北歐的瑞典SAAB車廠幾乎同時，比南韓早了十年，然而嚴慶齡先生的熱情卻變成裕隆的包袱。這些現象在八○年代依然不被重視，而傳統歷史學家都只局限在人文與政治範疇，缺乏工業與商業的理解，因此都與現代文明造成脫節，人文思想變成盲目與迷失，工業在台灣只能維持中小規模，汽車這種需要極大資本投入的重大事業被扭曲誤會也就毫不奇怪，且將可能被航太工業所取代。

相對於工業的是商業活動，台灣即將加入GATT，因此對汽車業的衝擊勢必極大，但事實上，自一九九〇年起，國內所實施的環保標準與耗能標準，早已使車界大亂，造成車壇出現重整運動，而未來即將進入二十一世紀所面對的，我們知道的有九七與九九的港澳事件、兩岸互動等，這些對我國的汽車業影響如何？政府當局在不在乎？業者如何自處？如何認清自身角色？都是今天以及進入下一世紀所要具備的基本條件。

當我們以一個服務業的角度來看汽車業時，無疑的會令人大吃一驚，因爲這個行業所展現出來的是極差的品質，而維修服務每一次平均收費高達四〇〇〇元以上，一輛新車價格更高達三〇萬元以上。在如此高單價的消費水準之下，如與速食業比較，漢堡一個三〇元，平均每人次消費一三〇元而已，餐飲業大約一、二〇〇元，大飯店的住宿每天也不過約四、五〇〇〇元，汽車業能拿得出什麼來呢？未經訓練的業務員、不太專業的接待員、沒什麼技術的修護員、零亂的汽車展示間、雜亂的擺設與極度缺乏的資訊、髒亂不堪的保養場地、錯置的修護工具、欠缺的檢驗儀器、設備少得可憐的訓練教室、看不懂原文的工程師、不會修車的訓練師、只能擔任倉庫管理的零件管理師、不懂汽車廠牌及市場的企畫師、不知道匯率變化的成本分析師……，當然，這些人也沒錯，因爲他們上面就有很多不知道如何經營的經理人；於是當一些外籍兵團進駐之後，汽車業的生態開始產生變化。事實上，汽車業要努力的工作太多了，義務教育或大專院校裡面不會教出馬上能讓業界使用的人才，業者需要自我教育的工作很多。昂貴如汽車業是如此，不動產業等也好不到哪裡，因此類似的問題，最後只能透過嚴酷的競爭，才能讓消費者得到應有的服務品質。

另外要强調的是，汽車業無論是本地裝配或是整車原裝進口，基本上都是一國極重要的商業機能之一，如果工業局在八○年代就知道如何協助汽車業者發展的話，就不會造成我國汽車工業在進入二十一世紀之前仍然無所適從。

其實，即使在今天，如果這個產業仍然被認爲重要，當局就應針對貨物稅部分給予完全減免的獎勵，相信對國民車的誕生會有其誘因。這樣的獎勵，理由很簡單，因爲汽車的開發費用太大了。我們試以歐洲福特的MONDEO爲例，其開發費用共耗資六○億美金，相當於新台幣一六○○億，如果以現行獎勵的九％計算，售價四○萬元的車子要賣出八○○萬輛才能支持這筆費用。如果這是一輛國民車，想賣二○萬元，折算之下，需賣一六○○萬輛才夠負擔這一筆開發費用，至於利息就根本免談了。主管當局對這個行業不夠瞭解，以致我國汽車工業輸給南韓是很正常的；而又使台灣成爲世界密度最大的「汽車製造國」（其實應説裝配），亦成另一大諷刺。

對汽車工業絕望，乾脆轉向航太科技，好像可對我國空安立刻有幫助，問題是我們有多大的國防預算可以支撐？不然，又要去哪裡尋找足以支持一個航太事業的區間市場？相對於航太頂級高科技，汽車工業的相對精密工業要求較低，比較接近台灣現階段的技術水準。其實政府真正應該做的，不過是建立一套公平、合理而正確的遊戲規則罷了，太多的干預與介入不過是徒增浪費。

距二十一世紀只有五年，台灣何去何從？汽車業有沒有明天？這個行業的人和這塊土地上的人似乎都該想一想。

本文在撰寫時，所能取材者只能局限在當前的一切狀況，包括人力資源、產品陣容、價格策略、行銷通路以及至完稿付印之前的政經局勢。其後會不會產生突然的巨大變化，不易預料，但基本上各項變數應該是有限而可以掌握的。若有疏失，希望讀者不吝指教，以便於再版時修正之。

序

難能可貴的研究工作

財團法人嚴慶齡工業發展基金會執行秘書
周琰華

具火車頭作用的汽車工業中，有許多的從業人員，包括有生產、行銷、維修等的許多投資者、經營者和職工，再加上大量的消費者和駕駛人，邱文福的《大車拼——台灣車壇贏的策略》應該是人手一冊的好書。

邱文福是少數由科班出身的「汽車經理人」，先在汽車修護廠做零件搬運、整理、上架等工作，更學習汽車修護，後來又在國外到一些製造廠及行銷商家研習，最後，他擔任第一線的汽車推銷業務員，且升到行銷主管，這是一條漫長的路。也正因爲如此，他在本書中能對各種車輛的品牌優劣和營業的情況瞭若指掌、如數家珍。他不但對國內的汽車業觀察入微，連國外的情勢也做了很好的研究工作，這更是十分難得的事。也許正像這本書名〈贏的策略〉般，要知己知彼，方能百戰百勝。

文福說：「撰寫本書，一些朋友以爲筆者想不開了，也有許多人認爲筆者心眼太小，寫書罵人」，其實這倒是不必顧忌的，因爲本書對汽車同業都是客客氣氣，很留餘地，別人失敗的地方，他都替人設身處地，找到失敗的原因。尤其他自己「很得意的傑作」，不知道的人也不會感到他是在描寫自己。換一句話說，本書相當客觀，沒有一味地自己居功。他比較批判性的文筆倒是對政府的法規——創法者、立法者、執法者，本書應可對他們起一些規勸的作用。

文福到底還是一個「文化人」，他在本書中把他知道的事實，風聞的消息，和他自己的推想分得清清楚楚，這是十分難得的，這會使他的同行（有時候「同行是寃家」），非常服貼，因爲傳聞和推想怎能與事實混爲一談？作者能分辨清楚，既使當初是競爭者的也無話可說了。

本書是「有意義及價值」的，它的意義和價值不在於談過去和現在，這方面一個懂得研究，分析和會寫文章的人都會寫，雖然文福把它寫得那麼深入淺出；它的優點是在寫未來的期盼和贏的策略，尤其幾筆有關台灣加入ＧＡＴＴ（ＷＴＯ）後的處境。這應該是本書的主旨。汽車業的主管和從業人員會不會接受他的建議，他的策略到底是不是贏的策略？這些只有等待未來來證明了。

最後作者在結尾一筆發出「專家在那裡」的呼聲，我想，寫《台灣車壇贏的策略》的作者應該是其中的一位。他和其他的專業經理人要等待「今日的伯樂」來發掘，而成爲台灣車壇的贏家了。

序

期待汽車產業愈來愈健康

總統府參議

我是個愛車的人，對汽車雖不很在行，但有一些特殊的喜好與要求。

聽到邱君的名字大約是一九八五年的光景，想來竟已有十年之久了。當年因爲邱君負責英國JAGUAR的全省行銷業務，他在南部的同事陳世育君，常常從高雄到舍下來洽談業務，不時提起邱君的行銷理念與作法，包括邱君書中提及的「飛雅特」計畫等等，很多事情後來也都在報紙上看到了。

我覺得JAGUAR的車型頗能符合自己的喜好，因此買了一輛XJ6 4.2型使用。十年來這輛車雖然已有一些小毛病，但同時也給我帶來很多愉悅的駕駛樂趣，而多數的保養維修都是陳君從高雄到後壁來將車開回公司做保養，對平時忙碌無法分身的我來說，實在深感這種專業性的服務很能體貼客戶，想來他們年輕人早已知道如何經營事業。

而我個人也深深覺得一輛汽車要令人喜愛，不但要造型獨特，更要能夠展現出一國的文化氣質，這也就是JAGUAR汽車能獲得喜愛的原因。從這個出發點來思考汽車產業的經營，應該是錯不了的。汽車在人類文明史上的發展不久，但是對近代文明的影響極爲重大，可惜台灣沒有好好的去耕耘，相當令人惋惜。

第一次見到邱君，是邱君與英國JAGUAR的地區經理到舍下訪談。經過幾次見面聊天後，發現邱君對汽車產業非常熟悉，並且也很深入地探討產業周邊的問題。後來雖然JAGUAR的代理權有了轉變，陳君、邱君和我卻成爲好朋友，繼續往來，也知道邱君因對經營理念的執著而換了兩三個環境。這次邱君有機會針對個人在汽車業從事二十年的工作觀察與經驗寫成一本書，對汽車事業經營提出頗多深入的見解，相當難得；而且這是第一本台灣汽車產業界相關的書籍，更值得鼓勵。

就像邱君所說，汽車是一種科技與文化融合而成的商品，是一個國家力量的延伸；我們已經錯失了幾十年的時間，現在是需要徹底加以檢討的時候了。爲了加入GATT，我們可以設計一些全球唯一的辦法，爲什麼不好好的擬一套能製造出一輛真正代表這個時代的「汽車」的辦法呢？

邱君在書中有不少關於產業政策的批評與看法，似乎不是完全沒有道理，我以爲世間沒有完人，因此也沒有不可批評的政策，政策制定者更要有雅量接納並檢討，訂出對全民有益的政策與法案來，而不是創造許多世界唯一的東西。我也深深覺得，只有對這塊土地有一份愛心，對下一代子孫有一份責任感的人，才會花很多心思去思考問題、規畫未來。我鼓勵邱君好好地繼續在他二十多年來從事的本業裡再努力、再打拚；也希望汽車產業愈來愈健康發達，代表我們自己的汽車也早日出現，不再是打高空、自欺欺人。

序

加入戰場務必深入瞭解

北市汽車代理商同業公會理事長
林鄉章

一九八四年，邱文福君以「車界名人」的形象加入三信商事公司，負責英國的JAGUAR積架汽車業務，同時兼管義大利FERRARI法拉利跑車的業務。

邱君的「名人」身分是因爲他自從八〇年底回國後，就常在《聯合報》萬象版發表一些有關汽車保養、汽車歷史、車壇典故等等的文章，對汽車這個行業非常用心。後來才知道他從高中起念的就是汽車修護的本科，從小又喜歡寫作，還到公路局的汽車技術進修班學習，在汽車業是從基層的零件業務與汽車推銷員等做起。

在加入三信商事之前，邱君也服務過瑞典SAAB汽車登陸台灣的代理商，同時自費去參加政治大學企業經理班等等的訓練，基本上是個好學之人，當年JAGUAR積架汽車捲土重來是件不太容易的事，而大部分的進口車業者都不太敢投資，深怕政府不曉得何時又要停止進口，搞得血本無歸。

三信商事因爲從事汽車事業是早在六〇年代的事，後來即使在政府停止進口小客車、小貨車的時候，我們仍然積極地和國內製造廠合作行銷面的投資，成立「達亞汽車公司」，銷售日本大發由國內羽田機械生產的車子。而且三信在土地廠房方面的投資都沒有中斷，這也是八四年時英國人同意將代理權給三信商事的原因，因爲土地、資金與人才三者都是企業經營缺一不可的要素。經營汽車，在售後服務方面尤其重要，因爲汽車有其使用生命期，在使用期間當然需要有足夠的場地提供。

一九八九年時，英國JAGUAR積架汽車已能年銷數百輛，但是當我們一九八七年缺車被消費者誤會時，我們得不到支援。一九八八年亦然，所以會有總代理賣出三四〇輛，貿易商反而賣出四〇〇多輛的事實，而新任的地區總裁卻似乎有很强烈的白種人優越感，不太站在代理商的立場，只是一味要求，最後才會鬧僵，三信也無心再代理JAGUAR積架汽車。當年邱君自然不能接受花了很大心血經營起來的代理中止掉，因此離開三信再去爭取，最後也是功敗垂成，被新加坡財團接手。

這些，邱君在書中也有記載，雖然沒有清楚的提到公司或經理人等，相信許多人都明白。由於政府法令的訂定並不一定和全球各地相同，有很多還是世界上先進國家才有的，我們也跟進了。不過，就像邱君書中所說的，要進入這個戰場當然就要去深入瞭解，並全力以赴。

如今台灣正面臨加入ＧＡＴＴ的關卡，汽車業當然希望政府的措施是經過深思熟慮後才做出的決定，是公平的、合理的，也是合情的，也只有這樣，這個市場才會有希望，才會有明天。

邱君能全心全力投注在汽車及相關產業的運作，應該得到相當的肯定。他希望在寫完本書時，我可以幫他寫序。而正如邱君所說，這是國人第一本這類書的出版，除了祝他能賣得不錯之外，對當局的建言也是工作中活生生的見證，自有他的一番見地，本人自是樂見產業日趨健康，社會安寧與活潑。

目錄

前言

台灣汽車產業巡禮

自台灣有汽車工業以來，從未有人引經據典地去加以考證研究，或是針對它的重要性做通盤的記錄，因此，不但鮮少有人主動去瞭解這個產業的本質，也造成人們對汽車文明的漠視與輕忽。

汽車起源衆說紛云

事實上，這也是一種無奈，因爲汽車本身是一件綜合性的科技商品，涉及的產業文化太過廣泛，也相當高深，不容易用淺顯的文字表達清楚。

這不是誇大汽車的重要性，而是人類社會出現汽車的起源自來就是衆說紛云，一說是三百年前的蒸汽機時代，如David Burgess Wise在他的著作《汽車大全》（ENCYCLOPEDIA OF AUTOMOBILES）中即如此表示。

另有一說則起源更早，遠自《聖經》伊甸園邊巴比倫廢墟的吾爾城（Ur）壁畫所發現的「輪子」，以及東方神話中黃帝大戰蚩尤的「指南車」。這是四千年前的故事，Albert L. Lewis與Walter A. Musciano合著的《世界汽車》（AUTOMOBILES OF THE WORLD）一書在開宗明義第一章亦曾提及。

其實不管汽車的發展史是從三百年前或四、五千年前揭開序幕的，反正自從有了汽車，人類社會就起了很大的變化。

若說工業革命與兩次世界大戰完全改變了地球生態，那麼我們可以說汽車帶領人類走入一個嶄新的世界。但是，人類發明了汽車，卻不知道如何有效的掌控、引導汽車文明，以致未受其利，先受其害。這是人類自身的悲劇。雖然不是每個國家都深受其害，但真正享受到汽車文明帶來之幸福的國家似乎並不多。有鑑於此，對社會大衆闡釋汽車文明的發展確實有其必要性。

汽車的動力

因此，我們首先需要知道的是——汽車是什麼？它和蒸汽機與輪子有什麼關係？它爲什麼重要？

最簡單的說法是：「汽車是一具內燃式發動機裝置在三、四個或更多個輪子上面，然後又可以快速移動的機器。」內燃式發動機就是俗稱的「引擎」，它像一具發電機，動力可以是非常强大的，通常以「馬力」作爲計算單位。所謂「馬力」，指的就是一匹馬的力量，而汽車的動力，現在已可高達四、五百匹馬力。想像一下古代的戰馬，一匹只能乘坐一個人，今天的車子則可以坐上數百人，機動性與方便性與古代相較，當然提升了很多。這就是汽車改變人類社會的最大功能。汽車之所以需要輪子，是因爲輪子的轉動功能比其他形狀的物體高明迅速太多了。

爲什麼德國當年敢於發動戰爭？爲什麼日本會有成爲亞洲霸主的野心，並且展開攻擊行動；而這兩個「戰敗國」竟然在今日世界皆擁有驚人的經濟實力，這和他們汽車產業的勃興有極密切的關聯，因爲汽車的構成是一個社會經濟加快速度的綜合運作。

二十世紀初葉，英國能成爲人類歷史上版圖最大的國度，甚至大過羅馬帝國七倍，也是拜「船堅砲利」所賜。船就是靠一部大型發動機來驅動，和汽車不同的只是車子要上路，船則要下水，因此車要輪子、船要吃水；天上飛的飛機亦然，不但需要輪子輔助其飛航前的衝刺，更要保持機翼在天空中與氣流的平衡。整個近代文明的演進，發動機扮演了關鍵的角色。

從結構科技到設計

汽車產業的重要性，源自基本的設計能力。在汽車專業領域裡，瞭解發動機是最基本的，但若要考究效率，具備發動機相關的材料力學知識就十分重要。除了馬力強大之外，還必須考慮發動機的「乘載性」。如何把一具動力强大的發動機——引擎，變成可以乘坐、舒適的運輸工具，便需要有更高深學識背景方能成事的底盤設計。早期車輛的底盤是運用大樑，往往一副「井」字型的鋼架就構成了一輛汽車的基礎，然後只要再把其他配件一一添加上去，就可以坐了。至於車身部分，則愈來愈講究所謂的「風阻」問題，航空科技需運用的流體力學就十分管用。就飛機而言，最好是起飛滑行較短，即使速度不快，仍能因揚力系數達標準而順利啓航；汽車非但不具飛行能力，還必須在高速下保持穩定，能夠進入汽車設計領域，所代表的是能力的扎根，沒有這一層本事，科技只是假的。

在汽車工業裡，能稱之爲「完全車廠」者，指的就是具備從設計到製作完成一部汽車的能力者。至於零組件，在有了整車設計能力後，交給哪個國家的哪個衛星工廠生產已是次要問題。由於一輛汽車的組成約需一萬種左右的零組件，不可能完全由一家工廠獨立完成，需要生產此類零組件的相關工廠搭配，建構有如衆星拱月般的衛星體系。台灣現在已有十分完整的衛星工廠系統，但還欠缺若干重要元件的產製能力，有些基礎工業的技術發展仍無法符合汽車業的需要。當然，現今許多東西已經能夠透過國際分工處理，不一定都要在台灣生產。事實上，我們的汽車產業一直是停留在「代工」階段，包括爲國外大廠做OEM再自誇爲外銷的廠商亦然。

照單翻造

台灣四十年來汽車產業政策變化極大，雖然今天已擁有相當完整的衛星體系與零組件廠，卻仍然只能照單翻造，不能設計，因爲四十年來製造的都是別人的汽車。這一點也許很多人無法接受，我們的汽車工業已經發展了四十餘年，怎麼可能都在製造「別人的汽車」呢？四十年前，台灣的汽車工業是以裕隆汽車公司爲代表，國產汽車則是唯一的銷售公司，或許正因爲如此，大家就習慣用「國產汽車」公司之名，想當然爾地認爲所有汽車都是我（國）自己（產）製的車子；沿用至今，也沒有人去分辨「生產」與「組裝」的差異，自然不是每個人都清楚箇中奧妙。事實上，裕隆當年開始組裝的轎車，是日本當時叫DATSUN的日產青鳥（BLUEBIRD）。

這並不是恥辱，全球汽車工業的發展，也是從手工與少量生產起家的，直到福特的標準化T型車問世，汽車這項產品才正式進入量產，包括日本日產汽車在內，也是從其他國家車廠的裝配廠起家獨立的。而我國汽車工業歷經四十年的成長，依舊無法獨立，目前雖擁有多達十二家的汽車製造廠，但全部都在裝配別人的車輛，唯一的例外是裕隆的「飛羚」（其車身是由裕隆自己設計的），實在令人歎息。

國產車或台裝車？

目前國內車廠與國外廠商的合作狀況如何呢？從下列表格中，可以清楚地知道整個情況，也比較能夠同意把「國產車」正名爲「台裝車」。

表格中共計有十二家汽車公司，但實際上品牌則有十四種，以福特六和來說，早年在台灣裝配的是德國的福特車系，目前組裝的則是日本馬自達的商品。總部在美國的福特汽車因爲擁有馬自達二五%的股份，所以在產品策略上比較具有彈性，目前還增加生產一些馬自達的商用車和代號爲三二三的轎車銷售。至於車種的販售通路方面，兩者是分開的，福特自己這一條通路約有五十五家公司、一六〇個據點；馬自達則少了很多。

資源整合現象

其他如羽田也有日本大發和法國標緻兩條線，分別由達亞和全歐負責銷售，不久前，傳出兩者可能併用一條通路，以降低經營成本的消息，這也是進入九〇年中葉，我國車壇激烈競爭的演變之一，可稱之爲「資源整合」的現象。未來工業局企圖推動的十二家車廠合併說，也是一種「整合」，只是我們希望看到的是企業內部自發性的，而非政府由上到下強制性的，如此至少可以避免浪費納稅人的血汗錢。

又如裕隆台裝車直接交由約三十家經銷商販賣，日產原裝美規車如Altima由經惠公司進口，也是透過台裝車經銷系統。據聞裕隆計畫整編行銷通路。三富在今

（一九九四）年的整合運動後，台裝轎車、商用車以及進口車，將全部由新設立的大井實業負責行銷活動；另外全省分佈了七家經銷商，預計一九九五年後會再推出進口車。三陽工業的日本本田，原來只有南陽實業一家經銷商，在財政部「貨物稅計算基礎」的考慮下，爲了節約成本，遂採用多家經銷的方式，另外設立南誠實業，其實都是同一個體系在賣車。然而，九四年十月財政部又恢復「零售價計貨物稅」，再度打亂所有廠商的陣腳。

豐田則是以和泰汽車爲總經銷，再分由全島八大經銷商銷售。許多人但知有和泰、國都、北都、高都等，而對國瑞感到陌生。

其他如大慶的「速霸陸」有台慶等六家經銷商。羽田大發走的是直營的達亞汽車，若要接收標緻汽車的行銷通路比較簡單，問題是ＣＩ（企業認同）如何取信大衆?中華三菱商用車的經銷商是匯豐，轎車經銷商部分則增加順益企業，但在最新的架構上，是由華菱汽車集大成，進口車也包含在內，未來華菱將是中華三菱產品系列的總舵主。太子汽車原有一些經銷商，目前幾乎只留下姐妹公司日勝汽車負責銷售。豐禾和國產都是自己進行販售。而在九四年底正式推出台裝版ＶＷ商用車的慶衆汽車，則在全省已設有六個區域經銷商。

國內汽車公司	外國合作汽車廠	備註
裕隆汽車公司	日本日產(NISSAN)	
福特六和汽車公司	歐洲福特(FORD) 日本馬自達(MAZDA)	
三富汽車公司	法國雷諾(RENAULT)	原爲日本速霸陸(SUBARU)
三陽工業公司	日本本田(HONDA)	
中華汽車公司	日本三菱(MITSUBISHI)	
羽田機械公司	日本大發(DAIHATSU) 法國標緻(PEUGEOT)	
大慶汽車公司	日本速霸陸(SUBARU)	
國瑞汽車公司	日本豐田(TOYOTA)	
太子汽車公司	日本鈴木(SUZUKI)	原爲裕隆/日產的分支
豐禾實業公司	法國雪鐵龍(CITROEN)	只產商用車
國產汽車公司	德國歐普(OPEL)	歐普即德國通用(GM)
慶衆汽車公司	德國福斯(VW)	只產商用車

汽車工業的眞面目

無論是日本、德國或法國車廠的台灣兄弟，也不管是誰在銷售，從產業的實景來說，重要的基本概念是：這些車子是如何製造、銷售的？釐清這個問題後，方能清楚看出國內汽車工業的真正面目。

就完全車廠的概念而言，汽車生產必須先從設計開始，但在台灣則不然，一般正常作業是先進口母廠已經製造完成的整車到台灣，然後開始分解成零組件，再根據官方所規定的自製率百分比，找出國內可以翻版製造的部品，計算好價格，把自製率弄到能夠過關的程度，接下來就可以正式下單給ＯＥＭ廠商，準備「國產的」、「自製的」新車上市。幾十年來，我們就是這樣地認爲台灣又「製造」出什麼新車了，同時政府也一再認爲國內汽車業者可以發展零組件工業，說穿了，這一切不過是模仿、裝配罷了。

基本上能發展都是好事，但是，**汽車工業必須由整車工業來帶動**，沒有一個國家的汽車工業可以由零組件工業突然變成整車工業。台灣目前雖有相當多而强的零組件業者，但這些工廠都是以代工作爲國內裝配廠的分業產品而已；車上一切配備，皆不可能自己單獨存在，甚至一個引擎。很多人以爲有了引擎就能帶動整車工業的發展，事實上，如果沒有其他整車的工業性獎勵，是不會有任何廠商配合的。

從中心工廠到衛星工廠

不可能的理由是，前面表格中每一家與台灣汽車製造廠合作的外國廠家，都是世界知名的大廠，而且各家實力都是遠超過台塑集團的大型企業體；反觀台灣這幾家汽車公司，其企業規模又如何去和這些廠商談製造呢？沒有足夠的資金還是次要問題，欠缺真正的研發能力才是關鍵。福特、日產、豐田、馬自達、三菱、雷諾、通用、福斯、雪鐵龍、標緻、富士、速霸陸、鈴木和本田，哪一家沒有自己生產製造的小引擎？他們的引擎經過長期運作，搭配在自己的供油系統、電路系統、變速系統，以及整車配重區分、靜態動態平衡測試等都已經毫無問題，還會大費周章地爲了台灣做一組引擎，而將整套作業重新來過嗎？一組引擎無法算是汽車工業，汽車工業也絕不是可以從一組引擎起家的。

台灣製的引擎就算能用，現在大概也只適用於中華威利這款車型，不知這具引擎是否特地爲了這輛車而設計？至於其他許多OEM工廠，的確有能力製造一些零件提供給總廠，甚至包括國外大廠，但這些零件係配合性，而非自主開發的。也就是說，絕沒有衛星工廠去主導中心工廠的道理，不過，如果我們有正確的政策與獎勵措施，衞星工廠也可能成爲中心工廠，因此，國內汽車產業需要的其實是一套能夠讓企業正常發展的規則而已，主動要求合併或與官方配合反而是次要的議題。

因此我們可以說，今天台灣只有「台裝車」沒有「國產車」，如裕隆飛羚所用的還是日產設計出來的底盤和動力系統，中華威利也是三菱全力配合才有的商品，稱之爲「國產車」實在太牽强，現今馬路上所見的根本都是「外國車」，沒有一輛是「國產車」。

事實上，以國內目前每年在汽車方面的消費金額來看，台灣已能完全支持一家與日本富士重工規模相當的車廠了，亦即每年約一百億美金的營業收入，而這還只是新車銷售部分，如果再加上每年二手車的銷售量，台灣汽車市場應該是頗爲可觀的，值得有心人注意它的潛力。

第一章

GATT引爆日德大車決戰台灣

一九九四年，似乎是台灣加入GATT的關鍵年，而早在兩年前，就有人建議將入關後進口車的關稅稅率降爲一五%，其附加條款是：取消台裝車自製率的限制。姑且不論自製率此一規定的荒唐與幼稚，類似的試探性消息，卻頗值得玩味。

首先，台裝車自製率能不能取消？關心汽車業或中日貿易的人士大概都知道，一旦取消這項規定，日本對台出超必呈直線上升，因爲日本車廠已經控制了台灣九〇%以上的市場，唯一沒在台掛牌上市的小轎車只剩下ISUZU一家，所有車子幾乎都是以散裝組件化整爲零的方式進入國內，也因此有台灣汽車工業只有散裝進口車與整車原裝的差別一說。明知不能取消，還是要提出來，當然是探探路、觀其反應大過真正的目的。

擴大戰線

其次，既然全部日本車都已在台部署完畢，下一場戰爭是什麼？除了爭第一，就是擴大戰線。降低關稅最大的受益者自然是平價車市場的主力廠牌，對欠缺小引擎車種的美國車廠而言，並無實惠；日本車廠則是謹言慎行，步步爲營。此外，德國大車和日本大車如LEXUS、INFINITI、ACURA等三家擁有三〇〇〇C.C.以上的豪華車廠商，在台灣一決雌雄的車壇爭霸戰則是非常可觀的。

因此，「聲東擊西」可說是提案取消台裝車自製率者的真正目的。因爲這是一個商業談判。尤其大家都知道日本人是典型的經濟動物，這樣的要求可以說並不過份，同時也只是少數進口車業者會受到影響，甚至將局限在三、四家外籍人士所擁有的代理商而已，其提案真正的目的，我們不妨大膽假設就是至少交換日本製三〇〇〇C.C.大車開放自由進口，進而延伸至二四〇〇C.C.級或以下的車型。三〇〇〇C.C.以上的日本轎車有下列車款，（　　）爲軸距：

一、日產汽車的INFINITI車系

(一)Q45 4494C.C. 280PS 5090X1825X1425(2880)mm

(二)PRESIDENT JS 4494C.C. 270PS 5075X1830X1435(2880)mm

(三)PRESIDENT 4494C.C. 270PS 5225X1830X1425(3030)mm

(四)CIMA 4130C.C. 270PS 4945X1780X1435(2815)mm

(五)LEOPARD J. FERIE 4130C.C. 270PS 4880X1770X1390(2760)mm

二、豐田汽車的LEXUS車系

(一)CENTURY 3994C.C. 165PS 5270X1890X1430(3010)mm

(二)CELSIOR或LS400 3968C.C. 260PS 4995X1830X1410(2815)mm

(三)SOARER或GS400 3968C.C. 260PS　4860X1790X1340(2690)mm

(四)CROWN MAJESTA 3968C.C. 260PS　4900X1800X1430(2780)mm

(五)ARISTO 3968C.C. 260PS　4865X1795X1420(2780)mm

三、本田汽車的LEGEND車系

(一)LEGEND 3206C.C. 235PS/215PS　4940X1810X1405(2910)mm

(二)LEGEND 2 DOOR　4880X1810X1370(2830)mm

四、三菱汽車

DEBONAIR 3496C.C. 170PS　4975X1815X1440(2745)mm

五、速霸陸汽車

ALCYONE SVX 3318C.C. 240PS　4625X1779X1300(2610)mm

當然還有四乘四的越野車，但車型不多，如果向下修正至二四〇〇C.C.，這樣對日本車廠更有利。但初期如果用出口零件交換三〇〇〇C.C.以上大車的方式，則可以成爲唯一被真正保護、完全不必擔心「真品平行輸入」貿易商攪局的進口車，對形象塑造最爲有利。因爲貿易商不可能從出口零件這個關卡取得配額。

單就三〇〇〇C.C.以上大車而論，德國最强的BENZ S-CLASS包括：

(一)S 280, 2799C.C. 193PS　5113X1886X1495(3040)mm

㈡S 320, 3199C.C. 231PS　5213X1886X1495(3140)mm LW

㈢S 420, 4196C.C. 279PS　5213X1886X1495(3140)mm LW

㈣S 500, 4973C.C. 320PS　5213X1886X1495(3140)mm LW

㈤S 600, 5987C.C. 394PS　5213X1886X1495(3140)mm LW

這幾型引擎還分別配置在四門轎車和雙門跑車上，另外也有L級的加長型。一九九三年，朋馳在台灣地區銷售出近四千輛左右，是其重點市場，不可小覷。

ＢＭＷ七系列雖然陣容不似朋馳壯盛，但產品級距也不小，且日漸加強中。

㈠730i, 2986C.C. 188PS　4910X1845X1400(2833)mm

㈡730i V8, 2997C.C. 218PS

㈢740i/740iL, 3982C.C. 286PS　5024X1845X1400(2947)mm LW

㈣750i/750iL, 4988C.C. 300PS

㈤840Ci, 3982C.C. 286PS　4780X1855X1330(2648)mm

㈥850Ci, 4988C.C. 300PS

㈦850CSi, 5576C.C. 380PS

ＢＭＷ的大車向來不敵ＢＥＮＺ，九三年大車年銷售量雙方相差四倍，理由只有一個「形象」問題。儘管ＢＭＷ在大車競賽上是ＢＥＮＺ的手下敗將，但五系列車型目前卻表現得相當出色，九二年曾銷售近五千輛；九三年則輸給BENZ及VOLVO的促銷專案；九四年初立刻還以顏色，五二〇系列在二月下旬以低利模式收到了二五〇〇輛以上的訂單，三系列亦表現不俗。事實上，正因爲BMW三、五系列太强，造成七系列不易更上層樓；另一個原因則出在「領袖效應」上，大多數消費者都會傾向第一品牌，因此在一個國家或區域裡，通常只能留下單一產品或是指定品牌。其實，德國車的暢銷還拜極强烈的「德國效應」之賜，王永在車禍之後仍不禁讚美即爲明證。

五百億市場羣雄爭霸

日本車的現代化和高科技形象與德國車相較其實不遑多讓，進入GATT之後，日本二四〇〇C.C.以上轎車若能全面進口，挾其威力上市，整個競爭型態必定會改變。除了前面列出的大型車外，二四〇〇C.C.這一級的廝殺，更是壯闊無比。如果是二〇〇〇C.C.以上或一八〇〇C.C.以上，車界必然掀起大地震。

一般說來，這個市場的車價約在一四〇萬元以上，總計全台灣地區年銷售的總數量在三萬輛以上，銷售總額超過五百億台幣，競爭激烈自屬必然，日本車廠當然會力爭，傳聞中的「交換」式計畫性搶灘模式事實上係一高招，另外也包含了日本人保守的心態，不會輕易就完全投入這樣一個市場，寧可步步爲營。

市場上現有日本二四〇〇C.C.～三〇〇〇C.C.的車子，陣容極爲可觀：

一、豐田汽車（TOYOTA）：

㈠SUPRA 3.0/3.1 225/280PS 4520X1810X1275(2550)mm

㈡SOARER 3.0/2.5 225/280PS 4860X1790X1340(2690)mm

㈢CROWN,HT 2.5/3.0 180/230PS 4810X1760X1440(2730)mm

㈣CROWN MAJESTA 3.0 230PS 4900X1800X1430(2780)mm

㈤ARISTO 3.0/TURBO 230/280PS 4865X1795X1420(2780)mm

㈥WINDOM 2.5/3.0 175/200PS 4780X1780X1390(2620)mm

㈦SCEPTER 3.0 200PS 4780X1770X1410(2620)mm

㈧CRESTA 2.5/TURBO/3.0 180/280/220PS 4750X1750X1405(2730)mm

㈨CHASER 2.5/TURBO/3.0 180/280/220PS 4750X1750X1390(2730)mm

㈩MARK II 2.5/TURBO 180/280 4750X1750X1390(2730)mm*1

(十一)MARK II 4690X1695X1405(2680)mm*2

(十二)CAMRY,PROMINENT 2.5 175PS 4760X1695X1380(2600)mm*1
4640X1695X1395(2600)mm*2

二、日產汽車（NISSAN）：

㈠CIMA 3.0 255PS　4945X1780X1435(2815)mm

㈡LEOPARD 3.0 200PS　4880X1770X1390(2760)mm

㈢MAXIMA 3.0 195PS　4780X1760X1395(2650)mm

㈣FAIRLADY Z 3.0/TURBO 230/280PS　4525X1800X1255(2570)mm

㈤SKYLINE GT-R 2.6/TURBO/280PS　4545X1755X1355(2615)mm

㈥CEDRIC 3.0a/b/TURBO 160/200/255PS　4860X1720X1400(2735)mm

㈦GLORIA 3.0a/b/TURBO 160/200/255PS　4800 X 1745 X 11410 (2760) mm

㈧LAUREL 2.5/TURBO 190/235PS　4710X1720X1380(2720)mm

㈨CEFIRO 2.5 180PS　4765X1705X1375(2670)mm

㈩SKYLINE 2.5a/b/TURBO 190/200/245PS　4640X1720X1340(2720) mm

三、馬自達汽車（MAZDA）：

㈠CRONOS 2.5 200PS　4695X1770X1400(2610)mm

㈡MX-6 2.5 200PS　4610X1750X1310(2610)mm

㈢SENTIA 2.5/3.0 160/200PS 4925X1795X1380(2850)mm

㈣EFINI MS-8 2.5 200PS 4695X1750X1340(2610)mm

㈤EUNOS 800 2.5 200PS 4825X1770X1395(2745)mm

㈥AUTOZAM CLEF 2.5 200PS 4670X1750X1400(2610)mm

四、日本福特汽車（FORD）：

TELSTAR 2.5 200PS 4670X1770X1390(2610)mm

五、本田汽車（HONDA）：

㈠NSX 3.0 265/280PS 4430X1810X1160(2530)mm

㈡VIGOR 2.5 190PS 4830X1775X1375(2805)mm

㈢INSPIRE 2.5 190PS 4830X1775X1375(2805)mm

㈣RAFAGA 2.5 180PS 4555X1695X1425(2770)mm

㈤ASCOT 2.5 180PS 4555X1695X1425(2770)mm

六、三菱汽車（MITSUBISHI）：

㈠DEBONAIR 3.0 170PS 4975X1815X1440(2745)mm

㈡GTO 3.0/TURBO 225/280PS 4547X1840X1285(2470)mm

㈢SIGMA 2.5/3.0 175/210PS 4740X1775X1435(2720)mm

㈣DIAMANTE 2.5/3.0 175/210PS　　4740X1775X1420(2720)mm

光看前面這一長串名單，國內的車商大將軍們就應該膽顫心驚了。

我們必須做的一個假設是，進入ＧＡＴＴ之前，上述一切都要定案，如此一來，一九九五年時，台灣車市將會如何演變呢？當然，並不是上述日本車都有出口，但單就沙盤推演，便足夠讓歐洲次等品牌車廠知所進退了。就算是車壇新手，亦不難體會屆時戰況的激烈，尤其當我們把日本大車在像美國這種直接與德國車一樣都屬於第三國產品的價格策略拿來作一比對時，對消費者的吸引力自然相當驚人，一個清楚的車壇新三國演義也隱然成形。

在一九九四年美國俗稱藍皮書的《BLUE BOOK》第三版中，可以清楚地看到幾款德日大車的售價，並做預估值換算出來，以從中獲得一些訊息。在美國，日本大車的先鋒是於一九八六年上市的本田的姐妹版ACURA，爾後，豐田的LEXUS和日產的INFINITI直至一九八九年才在底特律發表。三款日本車各年在美的銷售狀況如次頁表格所示。

除了參考前述日本大車的銷售狀況外，還可以看一下當年、甚至更早之前歐洲高級轎車的銷售紀錄，幫助我們進一步地思考：當這些大車進入台灣市場後，目前仍在等待時機的經營者或是毫無敵情意識的車商，屆時會慌亂成什麼樣子？日本大

年度＼品牌	INFINITI	LEXUS	ACURA
1986	—	—	52,869
1987	—	—	109,470
1988	—	—	128,238
1989	1,723	16,302	142,061
1990	23,960	63,534	138,384
1991	34,890	71,206	143,708
1992	44,387	92,890	120,100
*1993	23,065	46,000	53,860

*爲前六個月數量　　單位：輛

車通常的作法是先採取限量供應的手段，造成市場的饑渴現象，接著就可以往成爲消費者最期望擁有的商品感覺此一方向去經營，如此不但能夠順勢推展，也不會因爲吊胃口而導致負面印象。左表是美國當地的汽車售價，可作爲瞭解車壇情勢的參考。

值得注意的是，LEXUS和INFINITI會不會在頂級車的LS400上追加LS300、Q45追加Q30，以切入我國獨特的貨物稅分級制度？果真如此，市場必然更亂！

歐系車廠坐困愁城

這份價格表中，五〇〇〇C.C.以上的車可先剔除不看，因爲此類車種在台

品牌	車型	售價（美元）	預估台幣值（萬元）
ACURA	LEGEND L 4D AUTO 3.2L W/LEATHER 200HP	36,100	174
	2D 230HP	37,700	182
	LS 4D 200HP	38,600	186
	2D 230HP	41,500	200
	GS 2D 230HP	40,700	196
BMW	530i V8 4D AUTO 3.0L W/LEATHER 215HP	42,600	205
	540i V8 4D 4.0L 282HP	47,500	275
	740i V8 4D 4.0L 282HP	55,950	315
	740iL V8 4D 4.0L 282HP	59,950	335
	750iL V12 4D 5.0L 296HP	83,950	517
	850Ci V12 2D 5.0L 296HP	85,500	522

品牌	車型				售價（美元）	預估台幣值（萬元）
INFINITI	J30	4D	3.0L	210HP	36,950	178
	Q45a	4D	4.5L	278HP	50,450	293
	Q45b	4D	4.5L	278HP	57,050	331
LEXUS	ES300	4D	3.0L	188HP	30,600	148
	SC300	2D	3.0L	225HP	38,900	188
	GS300	4D	3.0L	220HP	39,900	192
	SC400	2D	4.0L	250HP	45,100	262
	LS400	4D	4.0L	250HP	49,900	290
M-BENZ	E CLASS	4D	3.2L	217HP	42,500	226
		2D	3.2L	217HP	61,600	267
		4D	4.2L	275HP	51,000	—

品牌車型			售價（美元）	預估台幣值（萬元）
M-BENZ		4D 5.0L	315HP	80,800	—
	S CLASS	4D S320 3.2L	228HP	70,600	275
		4D S420 4.2L	275HP	79,500	—
		4D S500 5.0L	315HP	95,300	465
		2D S500 5.0L	315HP	99,800	520
		4D S600 6.0L	389HP	130,300	599
		2D S600 6.0L	389HP	133,300	680

灣的年銷售量僅一百多部，因此可將焦點放在三〇〇〇C.C.～四五〇〇C.C.此一等級，更能看出其間競爭的激烈；此外，由於三六〇〇C.C.以上車型需負擔的貨物稅高達六〇%，日本當然要把經營重心移到三〇〇〇C.C.。

細想這場戰爭，日本車廠如果開出條件是：自日出口車輛數，以台灣市場的一〇%爲自動設限標準，應不致太離譜，因爲一〇%就是四萬輛，三〇〇〇C.C.以上一下子大概還吃不完，可能會向下修正到二四〇〇C.C.，如此一來，只剩下三小：

鈴木、五十鈴、大發不能進場，九五年之後台灣車壇熱鬧的景況不難想見，而且相信會是非常有看頭的一頁。

這種說法並非毫無根據。長期以來，日本勢力對台的影響頗爲可觀，汽車產業在官商合作下，早已「成就斐然」，如小小的開放小汽車案重點只剩下一個——什麼時機引進？進口哪些車種最爲有利？這些議題完全依計畫而行。因此，我們可以預期，未來不只是德國車憂心，歐洲車亦將全面受挫。

事實上，台灣如果真的對日製轎車門戶大開，目前戰況吃緊的若干歐洲次品牌將出現更可怕的疲態，其中如：義大利的LANCIA、ALFA ROMEO；法國的CITROEN、PEUGEOT、RENAULT；德國OPEL、AUDI、VW、FORD；英國ROVER……等，勢必產生立即的危機。這些歐洲車廠早在九○年時，就已受創極重，由於當時開始實施的環保標準係與美國同步，而大部分的歐洲車廠要到一九九二年才實施，因此這一波折造成的傷害只有已在美國上市的歐洲車廠得以倖免，如德國BENZ、BMW；瑞典VOLVO、SAAB等，這些車廠不但未被殃及，反而藉此機會大翻身，成爲車壇新寵。如德國的朋馳汽車九三年即在台灣賣出一萬一千餘輛，佔原廠全年銷售量的二%。

相對的，其他車廠的台灣代理商，由於未警覺到環保新法規可能帶來的危機，而沒有任何因應措施，以致全面挫敗，很多人甚至因爲忽視美制環保標準的殺傷力，最後和原廠鬧翻，空留一堆年份逾期的車子，弄得元氣大傷、無法復原。直至一九九四下半年，仍有若干廠牌完全漠視自身弱點，對企業經營漫不經心。上述現象不僅出現在公司所有人本身，連一些受薪的專業經理人也毫無警覺心，實在讓人對國內汽車業經營管理層次的無法提升徒嘆奈何。其中許多是股票上市的公司，或許是因爲資金來自好幾萬個散戶，只要人事關係好，反正公司倒不了，於是腐化日重。這樣的公司其實比公家機構更擁有令人詑異的經營能力。資金沒有壓力，加上個人地位不一定需要以經營實力而可以靠作帳實力來穩住時，市場的動盪與緊張態勢，當然也不是最重要的事了。

這些現象使部分外籍原廠經理人瞧不起台灣，也造成一些狂妄自大的外籍兵團。目前台灣汽車代理業的雙邊關係有些是貌合神離，有些仍在五里霧中，大部分歐洲車系代理者不但沒有策略，甚至毫無戰鬥力可言，以致這些代理商簡直就是坐困愁城，不知如何面對明日，難怪有些代理權已傳出發生變化，甚且可能繼續生變。

日系大軍整裝備戰

根據最新消息顯示，豐田已經做好備戰動員的前置預習作業，即準備在八大軍區中各選擇一個最佳示範據點陳列LEXUS豪華大車。而日產車廠則不太滿意目前裕隆汽車行銷網的表現，九三年即傳出將另闢一條新的行銷網路之說，九四年又有一個新的傳言：國產汽車仍然是日產汽車的最愛。此一說法表示，從日本進口的日產車將給國產汽車銷售，美國進口的日產車則仍交由裕隆旗下的新公司，INFINITI也會在這個體系裡。暫且不論這些傳說的真實性，其中所顯示的訊息是，裕隆面對新一波的戰爭之前，仍需先解決內部的整合問題；另一個象徵的意義，是日產、裕隆間的默契和豐田、和泰的關係相較，勝負立判。

事實上，INFINITI的Q45與PRESIDENT都具有高級車的極佳扮相，對長久以來只知德國雙B（BENZ、BMW）的國人來說，是難得的少數好車。在擁有絕佳天時的情況下，如何掌握契機，端看主事者的智慧，否則豐田的LEXUS一進入台灣車市，真的將搶盡先機、直如探囊取物了。

日本大車中，殺傷力最强的其實是HONDA的姐妹版ACURA，但是目前南陽體系陣腳已略現紛亂，其台裝車喜美、雅哥以及進口的CIVIC、ACCORD完全重疊，形象自相混淆，殊爲可惜。相反地，豐田似乎未卜先知，早在八九年就知道美規日系車種會開放進口，因此台裝車選擇CORONA，自美進口的原裝車則爲CAROLLA和CAMRY，形象非但不會重疊，還能互補而相得益彰。當日系大車大舉犯台時，三陽／南陽的錦囊妙計爲何？目前尚難預測。

ACURA之所以被視爲最具殺傷力的車種，係其引擎爲三五％貨物稅的三二〇〇C.C.，屬提案中三〇〇〇C.C.以上車系，一定會進口銷售，對德國雙B會構成極大的威脅。在售價、車型、配備、空間、性能乃至品牌形象方面，ACURA幾乎都無懈可擊，目前唯一需要注意及加强的是慶豐集團旗下三家公司的行銷能力與人員素質，特別是高級車的銷售經驗。

相較之下，新加入轎車市場的華菱汽車似乎是有備而來，據說匯豐和順益將掌台裝車系列，華菱則專攻進口的DEBONAIR、GTO與GALANT等。由此可知，華菱汽車的確具有相當的企圖心與侵略性，只可惜三菱車系必須在政府開放三〇〇〇C.C.以下車型時始能進口，所以目前應該還在沙盤推演的階段。

馬自達車廠部分，因爲台灣福特六和裝配的是日本MAZDA的翻版車款，因此台灣的馬自達車廠三、四年前即開始推出台裝版三二三車系，加上進口的美規六二六與ＭＸ六，目前情況逐漸穩定。馬自達的ＧＡＴＴ效應與三菱相同，只能等待政府開放三〇〇〇C.C.以下進口，因此如何穩住現況、加強高階人員的培育是現階段的重點工作；而若美國福特總部有大的決策變化，台灣地區亦會產生連鎖反應。

總而言之，GATT的車壇效應，和農產品相較實不遑多讓，從政府當局到業者都必須戰戰兢兢，全力備戰，絲毫不可鬆懈，即使強如德國BENZ、BMW與瑞典VOLVO，尚且不得不因歐洲市況告急，而自九三年起於日系正牌軍來襲前，在台猛打促銷牌，力圖鞏固江山。九五年開啟的日德豪華車決戰台灣地區序幕，預料勢將精彩可期，歐洲次級品牌車廠若不嚴陣以待，恐怕是凶多吉少，而這些變化對消費者來說，當然是一大利多，因爲這會是一種骨牌效應，不只是局部變化而已。

爲了更進一步瞭解日本車團的驚人實力，現將上述相關車輛在日本國內的售價歸納如後。此處的單價一律以日幣萬圓爲單位，並以最低價表示，不含配備之多寡；括弧內的數字則係按照相對值所計算出來的台幣參考售價，讀者可依其中TOYOTA CAMRY 2.5與目前國內銷售的美規車作一比較參考。

下面表格清楚地展現出一個活生生的殺戮戰場。

一、TOYOTA車廠：

車型	引擎容積	日幣售價（萬圓）	台幣推算價（萬元）
CAMRY	二・五	二二四・〇	一三〇
MARK II	二・五	二五八・〇	一五〇
	三・〇	三二二・七	一八七
CHASER	二・五	二八三・〇	一六四
	三・〇	三二二・七	一八七
CRESTA	二・五	二五五・五	一四八
	三・〇	三二二・七	一八七
SCEPTER	三・〇	二七三・五	一五九
WINDOW	二・五	二六八・八	一五六
	三・〇	二九五・八	一七二
CROWN	二・五	二九一・一	一六九
	三・〇	三四七・五	二〇二
CROWN H.T.	二・五	二八六・〇	一六六
	三・〇	四一八・五	二四三
CROWN MAJASTA	三・〇	三九四・〇	二二九
	四・〇	五七六・五	二九〇
SUPRA	三・〇	二九〇・〇	一六八
	TURBO	四七二・〇	二七四
SOARER	三・〇	三〇三・〇	一七六
	二・五t	三三〇・九	一九二
	四・〇	七六二・〇	三五〇
ARISTO	三・〇	三五〇・二	二〇三
	四・〇	五一九・〇	二八〇
CENTURY	四・〇	八〇四・〇	三七五
	LIMO 四・〇	一五八三・〇	六八〇
CELSIOR	四・〇	四八一・〇	二七〇
	四・〇	六五四・〇	三一〇

二、NISSAN車廠

車型	引擎容積	日幣售價（萬圓）	台幣推算價（萬元）
SKYLINE	二·五	二四八·九	一四五
	二·五t	三四五·〇	二〇〇
LEFIRO	二·五	二四九·五	一四五
LAUREL	二·五	二五七·九	一五〇
	二·五t	二八二·六	一六四
CEDRIC	三·〇	二九〇·五	一六九
GLORIA	三·〇d	三五八·〇	二〇八
	三·〇t	四二五·〇	二四六
SKYLINE	二·六	四五四·五	二六四
	GT-R	五二九·〇	三〇七
FAIRLADY	Z三·〇	三五四·八	二〇六
	二十二	四七七·〇	二七七
MAXIMA	三·〇	二六五·〇	一五四
LEOPARD	三·〇	三三二·〇	一九三
	(J三〇)四·一	四七四·〇	二六八
CIMA	三·〇	四一九·〇	二四三
	四·一	四五九·〇	二六〇
		五九〇·〇	二九八
PRESIDENT	四·五	七二三·〇	四〇〇
		八六五·〇	四二五
	JS四·五	六〇三·〇	三二五
		七一〇·〇	三九〇
Q45		五四二·〇	二九三
		六二九·〇	三三一

三、HONDA車廠

車型	引擎容積	日幣售價（萬圓）	台幣推算價（萬元）	車型	引擎容積	日幣售價（萬圓）	台幣推算價（萬元）
ASCOT	二・五	二四五・八	一四三	LEGEND	三・二	三六五・四	二一二
RAFAGA	二・五	二四五・八	一四三			四三〇・四	二五〇
INSPIRE	二・五	二四二・三	一四一	COUPE	三・二	三八六・四	二二五
		三三九・三	一九七			四三七・四	二五三
VIGOR	二・五	二四二・三	一四一	NSX	三・〇	八三〇・七	四八二
		三二四・八	一八八			九七五・七	五六六

四、SUBARU車廠

車型	引擎容積	日幣售價（萬圓）	台幣推算價（萬元）	車型	引擎容積	日幣售價（萬圓）	台幣推算價（萬元）
ALCYONE	三・三	三三三・三	一九四	SVX	三・三	三九九・五	二三二

五、MITSUBISHI車廠

車型	引擎容積	日幣售價（萬圓）	台幣推算價（萬元）
DIAMANTE	二・五	二四五・二	一四三
	三・〇	三九七・三	二三〇
SIGMA	二・五	三〇〇・六	一七五
		三九一・一	二二七
GTO	三・〇	三六〇・三	二一〇
		四三一・五	二五〇
DEBONAIR	三・〇	三一〇・八	一八二
	三・五	五六六・〇	三二八
		六五四・〇	三七九

六、MAZDA車廠

車型	引擎容積	日幣售價（萬圓）	台幣推算價（萬元）
SENTIA	二・五	二七九・八	一六三
		三二八・〇	一九〇
	三・〇	三〇三・〇	一七六
		四一四・〇	二四〇
EURO 800	二・五	二五九・〇	一五〇
		三一四・〇	一八二

註：同引擎容積因配備不同而有差別售價。

引爆車界決戰

若說ＧＡＴＴ引爆台灣地區汽車業的決戰毫不爲過。一則台灣根本沒有自己的汽車工業，只有一些小規模的裝配廠；再者，與其讓車廠合併，不如使大家有公平的競賽規則。面對即將來臨的車壇大戰，政府做好準備了嗎？

就關稅的計算標準來說，日本距離台灣比較近，卻仍然以ＣＩＦ計算是否合理？環保署的環保法規，除了以美國、瑞典、瑞士及德國四種法規爲基準之外，實車測試後是不是仍然要求上述四個國家的合格證才算數？經濟部能源委員會是不是依然閉門造車地堅守那全世界唯一的「車輛耗能標準」不放？受託測試的工研院機械所動機組車輛實驗部在九四年初還曾因爲該法實施六年而調整過兩次，卻無法控制小汽車的成長，不得不改以問卷方式提出公議再向經濟部建議，不知是出於無奈？抑或只是代打、迎合能源委員會？再不就是在等待立法院自己「變法」，豈不怪哉？

事實上，ＧＡＴＴ所引爆的不只是汽車業的一場生死存亡之戰，更是台灣能否存活於二十一世紀的國家現代化大戰，如果施政品質無法提升、本位主義不能打破、民衆的需求不能滿足，則這場大戰對台灣而言，將只是老戲新演罷了。但是，我們卻發現談判過程中出現太多的利益關說，甚至像極端短視的配額法、百分比法等，都能在談判桌上被提出來，倒是頗令人訝異。希望本書付印時，ＧＡＴＴ帶來的是一套嶄新、健康的遊戲規則，不再是扭曲可笑的東西。

當台灣因爲加入ＧＡＴＴ而成爲國際社會的成員之際，汽車業者應該思考：一個品牌應該如何經營？它如何和客戶結合在一起？就像台灣如果成爲一個品牌，應該如何推銷她的子民、百姓或客戶？又應該如何面對國際市場？更重要的是，我們知道自己的問題嗎？

未來日德大車決戰猶如兩次世界大戰，不是每個人都具備參戰資格，也不是每個人都必須加入戰場，一些根本不需要買車以及不必下海賣車、修車、坐車的人，即可遠離戰局。然而，現代人有誰能完全脫離車子所帶來的困擾呢？汽車已經像自己居住的國家或土地一樣，也許你討厭它，但又很難和它完全脫離關係，因此你我都當多瞭解它、關心它。

本書撰寫期間，正好是我國爲了入關問題與各國商談進口汽車配額之時，原則上已定案的方式、也是全球唯一的辦法，亦即「配額分級課稅」模式，其方式迭經修正，主要係以國別管制，而不管品牌或廠商，至於比例則待包裹立法通過後再研究，詳細內容如下表：

國別	限進數量(輛)	第一級關稅	第二級關稅
美國	五〇、〇〇〇	二五%	六〇%
日本	三〇、〇〇〇	二五%	六〇%
德國	四五、〇〇〇	二五%	六〇%
其他	三〇、〇〇〇	二五%	六〇%

上表只是假設性的數字，值得爭議的是將來要以什麼爲標準？如何調整？如何在不同廠牌與母國之間取得平衡？各國是否都不會發生變化？我們是不是管得太離譜？事實上，我們大可開放日本車進口，因爲台裝車已完全掌握在日本人手中，難道日本人會笨到把台裝的同型日本原裝車出口至台灣「自相殘殺」嗎？官員們是不是自欺欺人呢？

思考空間

- 台灣加入GATT乃勢在必行，其意義爲何？對汽車業的影響又如何？
- 如果日本汽車限量「交換出口零件」進口三〇〇〇C.C.以上，對廠商有何意義？
- 日本汽車全面開放進口，有可能嗎？爲什麼？
- 如果日本二〇〇〇C.C.以上車型一律准予進口，市場的競爭態勢會如何？
- 目前台灣車壇的歐洲强勢品牌有哪些？他們需要擔心日本大車登台嗎？
- 你知道哪些歐洲「非」堅强品牌？代理商各是哪一家？
- 美國車在台灣分布現況爲何？有幾個品牌？
- 你認爲品牌代表什麼？代理商的公司名稱重要嗎？在什麼情形下顯得重要？
- 買車人認爲賣車人常識豐富很重要嗎？什麼情形下會比較重要？
- 如果在一個品牌積弱的公司服務，你的目標是什麼？
- 你認爲公司裡最高經營者對自身品牌的處境瞭如指掌嗎？
- 加入GATT之後，你認爲台灣的汽車工業還有希望嗎？

第二章

豐田三度入台的企圖

〇年代，時任經濟部長的趙耀東力倡三十萬輛大車廠計畫，而這對當時正陷於經營困境的裕隆汽車來説，實在難以理解，甚至很少人能夠對自稱「董事長們的董事長」的趙耀東抱以持平的看法，尤其那時嚴慶齡又剛好身體違和。

大汽車廠的歷史

事實上，趙耀東的主張没錯，而且可以説相當具有眼光。因爲汽車工業確實是火車頭工業，可以促進鋼鐵、塑膠、五金、石化等相關產業的蓬勃發展，但可惜的是，雖然政府有意，日本豐田也興致勃勃，這項計畫最後還是胎死腹中。不過，豐田並未放棄重返台灣的企圖，何況準備工作已到了萬事具備的階段。其實早在一九七〇年代，豐田就在台灣設立了六和汽車，產製可樂娜（CORONA）等商客用車，但是中（台）日斷交後便立刻撤退，轉戰中國大陸。當年，豐田這個決策留下許多問題與麻煩，受波及者亦所在多有，然而隨著時間消逝，傷痕也會痊癒。

豐田希望再回到台灣，自然非常在乎這個由政府推動的大車廠計畫，不過這個案子因人去政改，最後還是草草收場。此時「華同案」成爲豐田重返台灣車壇的契機。這個案子做的是軍用大卡車，合作對象是美國通用汽車公司，由於裝配的是美國大型長頭車，無法適用於台灣的道路狀況，政府最後只好賠錢了事，然後再拜託豐田旗下的日野汽車（ＨＩＮＯ）收拾這個爛攤子，因此豐田得以再回台灣。一九八九年，豐田重新在台上市，立刻引起震撼，市場上原有廠商無一不是全力備戰，絲毫不敢掉以輕心。

豐田式神話

「備戰」肇因於許多原因。大車廠的新聞戰，勝過千千萬萬次的公關造勢，幾年下來，台灣完全籠罩在「豐田式經營」的神話裡，特別是當時裕隆已淪爲台灣汽車工業的壞學生，再加上美國三大車廠因自大而挫敗、通用撤出台灣華同，且美國本土市場亦遭日本車廠蹂躪，豐田當然勇武如山本五十六，在台灣一路過關斬將。裕隆沒有成功，無人探究其原因，國內又無工業歷史家或評析師，於是造成高層決策有「以豐田制裕隆」的處罰性報復傾向，加上豐田又有得天獨厚的官方關係，使得台灣所有車廠不得不準備進行一場決戰。

但是，一有官方護航，二有媒體大加禮讚膜拜，豐田的地方力量立刻展現出內閣會議的實力，上自李總統的親家、林前院長的女婿等，全都成爲豐田經銷網的一員，可說一起步就有非同小可的大氣勢，甚至予人不戰而勝之感。

接下來豐田的行銷動作相當迅速，他們以「格狀佈局」的模式，在全省安排了八大經銷商，不僅陣容堅强，格局也勝過福特的點狀安排。豐田此項策略最大的優點是：經銷商有足夠的發展空間，以及至少五年以上的長期發展計畫。以高都豐田爲例，目前即多達十六個據點，最大的約八千餘坪，還有兩處三千坪的據點。這些據點，七成以上是公司資產，只有三成爲租用。這樣的大量投資，逼得有些投資夥伴大喊吃不消，如台南地區的股東就因此而易手。

展現實力的氣魄

與大多數的企業相較，豐田的經銷商已然具備大型企業的規模，從技術工人到廠長，或者業務員到銷售經理，每一位新進的員工，都能夠獲得公司所提供的十年以上生涯規畫。就人力資源的角度而言，這樣的條件當然勝過許多小規模的企業。在一九九四年《卓越》雜誌所做的三〇〇大服務業排行榜中，和泰、北都、國都、高都、南都部均名列前五〇大之林，這種展現實力的氣魄，一方面是一個優良企業的包裝，再者亦含有不是倚賴特殊關係的宣告。想對抗豐田的任何汽車廠牌或集團，在此情形下都只有默認了。

反觀福特系統，在裕隆汽車錯誤地與國產汽車分手時，曾趁機大事設立小經銷商，至今已有約五十五家大小規模的經銷商。福特在經銷方面的問題是，歐洲進口福特車大家搶著賣，美國福特的大型車也無人肯放棄，結果造成一個業務代表擁有六十種以上的車子可以賣，不但無法專精，還犧牲了服務品質，直到最近才好不容易將歐美線分開。展望未來，如果没有意外，福特美系車應該會引進林肯、水星系列，並且另闢專門的銷售網，才可能穩住龍頭地位。

當然，豐田志在第一，不但小心翼翼地維護企業形象，經營政府關係也非常用心。全世界的車廠没有一家像豐田一樣，社長親自到台灣那麼多次，對戰略規畫也十分清楚，毫無私心自用的現象。豐田接下來所採取的戰術運用更令同業窮於應付。它首創週末迎賓車市的作法，在强大的廣告宣傳攻勢下，消費者的購車習慣幾乎從此改寫。此外，豐田更大膽運用具文化象徵的人物與其產品結合，如吳炫三、郭小莊，乃至現在的小野，這些在在顯示出，豐田戰略有、戰術又强，產品策略也十分高明。

買地售車的策略運用

當豐田決定台裝車系爲CORONA時，許多行家以爲豐田是基於念舊，才再次生產七〇年以前的老相好，讓過去的老朋友不要忘記而已。殊不知，依國際貿易的情勢來看，美製日車進口早在意料之中，只是原先裕隆無法與日產取得默契。豐田的情況則與裕隆不同，爲便利生產管理，選擇單一車種最爲有利，而且不必擔心進口車會與原有車系印象重疊，而使產品定位模糊。COROLLA美國原裝車之所以能夠出師大捷，正因其產品定位極明朗，比其他日裔美規車高明甚多。

市場上有一種酸葡萄心理的傳說，指稱豐田有近乎「指導」政府政策的能力，且較諸裕隆當年的盛況有過之而無不及。事實上，如果我們仔細研析一下近十年來的汽車工業政策，可以發現豐田的進步是相當神奇的。這應該歸功於豐田採取日本式的「金權結盟」，對台灣官方下了一番工夫所致，裕隆只能自嘆不如。豐田經銷商務必買地，這是國人深知的島國經營的日本模式。在豐田購置土地後不久，地價立刻暴漲，八大經銷商一開始就個個慶幸跟對了，往後自是言聽計從，不僅廣告中隨處可見日式漢文，數十個日本廣告人控制產品運作的情況亦屬常事。

另外，經銷商因爲土地政策的關係，自然會有永續經營的概念，重要據點必爲自有而不准租用，使豐田在經營上不會存有任何玩票或僥倖的心理。這種現象在國內一家豐田的敵對廠牌新車上市前所做的市場調查中獲得證實。該報告顯示，豐田的大型建築投資，在消費者心中所建立的印象，已使他們願意多付出一〇%的錢來購買豐田的車。我們可說豐田創造了台灣車壇的歷史：建立了汽車銷售的新典範。

所謂的新典範，說穿了就是過去可以隨便矇混的情況將不可能再出現。豐田標準的三S廠房與展示中心統一的企業標幟，帶給消費大衆非常清楚的意義：買車人從此知道，買車是買了車以後的問題大過購買之前的討價還價；從工廠的情況就能看出公司的經營理念是否正確、技術人員是否訓練有素；業務代表們更不必再像早期的推銷員，需要編織一套完美的售後服務美夢來自欺欺人。當然，還是有一些非理性購物族，以及不需要擔心售後服務的後座族消費者，因此目前不太在意售後服務的公司，雖然不致於立刻關門大吉，但逐漸被消費者唾棄卻是必然的結局，尤其當豐田的威力與日俱增之後，這種情況將更爲顯著。

在此同時，豐田並沒有因爲大規模投資而趾高氣昂，反而更加注重媒體關係，雖然很少上專業雜誌的廣告，記者們也沒有理由去修理。而豐田的廣告除了叫座的人物運用之外，促銷性質的廣告亦相當特殊，經常沒有明顯的內容，而且充滿日式中文的表現方式，其目的也許只在提供消費者商品訊息，內容如何反而並不重要。

從業人員壓力大

在豐田，第一線業務人員必須填寫的成堆報表，成爲市場調查者的工作重點；藉由這些資料的記錄，使客戶資源能夠完整地存入公司檔案中。另一方面，豐田內部的教育訓練，包括客戶開發、領導統御、汽車專業知識及個人生涯規畫等等，讓每個人都知道自己在公司扮演的角色爲何，從而懂得如何在組織的訓練之外，加强其他知識，乃至十年內的自我要求及規畫，能盡量與現實配合，使個人前途與公司發展融合在一起，不會在組織中出現只圖個人權位而誤了公司大事的人。

但是，豐田的作法，相對地也造成其他問題：希望早日出人頭地的年輕人大多不能接受五年以上的熬煉；不過，業務人員處在那樣的環境一段時間之後，也不易適應其他售後投資不足的汽車公司。當然，也有人無法承受每一天每一小時的壓力，甚至曾有據點主管因承受不了壓力而精神崩潰，這是豐田日本式經營的一種危機，畢竟這裡是台灣，我們可以預測，國人目前好逸惡勞的習性，將是豐田經營上的最大難關。至於如何在社會人性現實與企業目標間取得平衡，應是台灣豐田初步成功後的下一個挑戰。

其實，豐田的高度壓力不只出現在「求勝」的戰略目標。企業經營猶如與時間及市場競賽，確實夠大夠多，做爲總經銷的和泰汽車也不敢掉以輕心，因爲數字會說話，於是我們看到豐田逐年向上修正的銷售量：八九年，台裝車售出六、三四三輛，進口車一〇、六八三輛；九〇年則分別爲一八、六六九輛及二二、六〇三；九一年台裝車再攀升爲二七、四三四輛，而進口車雖經改型，仍達二一、七六九輛。

由上述數字觀之，豐田可說已具備十分驚人的潛力，未來應不排除出口汽車的可能性，雖然還不能算是中國人的驕傲，但在未來台灣與日本進行分工，以降低貿易不平衡現象的關鍵問題中，豐田的示範作用仍將頗爲可觀。

企圖成爲別人競逐的對象

事實上，豐田的企圖顯而易見。一九九四年一開始，豐田每個月的銷售數字幾乎逼得福特没有喘氣的機會，中華三菱的凌厲攻勢也使福特無法輕忽，截至六月份所結算的數字，顯示「豐田第一」的戰果已經達成；現在繼續奮力前衝，將競爭者遠遠抛開，是豐田自我挑戰的唯一目標。特別是在第三度入台之後，豐田用盡上自總統的所有關係，豈能不以第一自期？何況大部分的對手又不是很强。以福特來說，應該在豐田上市的一九八九年就未雨綢繆進行沙盤推演，一則預估産品競爭力，再者强化經銷商體質與戰鬥能力，並且必須全員一條心，而不是以爲可以就此轉戰大中國，結果反而過於輕敵，而在九四年吃緊告急。

福特經銷商的例子，則是另一個「根留台灣」的驗證。三度入台的豐田不是無知也不是愚蠢，當全世界對大陸市場都看得眼珠快要掉出來時，豐田知道，最佳時機未到。他們計畫先到觀音鄉擴廠，並且希望台灣加入ＧＡＴＴ後能夠調降汽車關稅，同時取消自製率的限制。其實，限定自製率原本就十分不合理，以後一定會變，也一定要變，只是過去的投資者可憐了。還有箭在弦上的自製引擎，也將是一個大笑話，聰明人都希望它胎死腹中。汽車工業不是光靠一組引擎就可以成事，那只是一步棋而已。

豐田還是不忘目標的。九四年一～六月的戰果是：在台裝車（含商用車）市場中，中華三菱佔一九．九%，高於福特所佔的一七．六%；轎車部分，進口加台裝，豐田拿下二〇．一%，福特屈居第二，爲一九．二%。消長之間，豐田不斷衝刺的動力極爲驚人，而進口最大的CAMRY也加入歐系幾大廠牌打低利促銷牌。相對於福特的動作，豐田的先暗而明，已然讓對手措手不及，全新的福特MONDEO竟然魅力不彰，即爲一大警訊。長期以來，福特在消費者心中的平價印象，勢必將於一九九四年面臨重大的挑戰，而豐田一旦衝關成功，也必定會繼續向前推進。這就是豐田的企圖：成爲別人競逐的對象。

思考空間

- 爲什麼豐田的台裝車選擇CORONA這個車型？它和哪幾款台裝車競爭？
- 豐田八大經銷商制度的優點爲何？
- 豐田八大經銷商在土地廠房的投資金額高達三百多億台幣，你是否知道？
- 豐田這樣大手筆的投資，你認爲很瘋狂嗎？爲什麼？
- 豐田整體行銷部署所顯示的主要意義有哪些？
- 在豐田進入市場之後，汽車業的競爭是否會轉爲另一個層級？這對買車人來說是好事嗎？
- 你服務的公司如果無法向豐田看齊，是否有其他模式可以替代？
- 你認爲豐田式的「大」，是戰勝市場的唯一因素嗎？爲什麼？
- 豐田的「假日賣車」模式，你喜歡嗎？是不是每家汽車公司都可以仿效？爲什麼？
- 台灣加入GATT之後，你認爲豐田的產品陣容會如何增强？
- 如果豐田將日本大車的售價訂在二五〇萬台幣以上，買車人會不會接受？

●豐田的經營據點使市調中出現「品牌超值」的現象，你是否知道？你認爲原因爲何？

●你是否有好的策略使自己公司的產品在豐田大軍外獨樹一幟？你向主管反映過這些想法嗎？

第三章

裕隆、國產的分家變局

一九六一年十一月二十五日，《紐約時報》出現一則新聞：「自由中國裝上輪子了。」而在更早的一九五七年四月，當國人欣喜若狂地迎接ＪＥＰ（吉普）車隊自台北南下高雄試車，舉國爲之轟動之時，裕隆汽車創辦人嚴慶齡卻憂心「工業報國」的理想是不是真的能夠實現，因爲吉普車畢竟不是真正「自製」的車子。

嚴慶齡的心願

留學德國的嚴慶齡從上海來台後便想著：如何爲國家盡一分心力、貢獻所學。當他考慮到工業與國家現代化的關係時，認爲汽車工業是值得投入發展的產業，於是便和德國ＢＭＷ聯繫，但是德國人根本不知道台灣在哪裡，而台灣也根本沒有發展汽車工業的任何條件，所以和德國人合作的計畫很快就無疾而終。但是，他堅信自己的理想沒有錯，因爲汽車工業正是所有工業的火車頭，台灣如果真的能成爲汽車工業王國，肯定是台灣之福。後來的經濟部長趙耀東也這麼認爲。

嚴慶齡不顧周遭一切的勸阻，排除萬難，在一九五三年設立裕隆公司，並開始製造柴油引擎，因此能在一九五六年十月裝配完成「吉普」的試車，然後於一九五七年八月二十七日，正式與當年的美國衛理斯汽車（WILLYS OVERLAND）簽訂技術合作。

嚴慶齡和國產汽車的創辦人張添根、張建安兩位先生在一九五七年時，一同到日本考察，並於七月十一日與日產汽車簽訂技術合作合約，從此，裕隆正式成爲日產的台灣授權組裝廠，國產汽車則成爲日產汽車的台灣地區總代理。由於當時中日技術合作合約需要政府的批准，因此，一年後合約才正式生效，但是官方的條件是，四年後產品必須百分之百「自製」。如果對汽車工業稍有認知，這個條件別說是當年，就是今天也可以說是「天方夜譚」，台灣，畢竟只是一個台灣！但是，無論如何，它真正開始了。這是台灣進入汽車文明的基本背景。

裕隆成爲代罪羔羊

台灣從此開始了世界上最獨特的「汽車國」，當年國民所得不過五十美元；而「裕隆」從此成爲中華民國汽車工業的代名詞，但也成爲汽車業的代罪羔羊。尤其是開放汽車進口後，加上外籍人士離台留下的車輛也不少，牌照的需求量與日俱增，但是，當年偏偏又限制新牌照的數量，一年只能有五十輛限額，直到一九五七年十一月，省府才同意增發一〇二輛的牌照，但次年二月卻突然宣布全面開放汽車進口，投資龐大的裕隆不但沒得到好處，還被退掉一些訂單，年產百輛，何以成器？當年政府的施政水準可想而知。

少量生產「吉普」的裕隆，不久又因WILLYS公司被AMC併購，遂於一九五九年三月，由日產提供技術，開始出產大卡車；當年小汽車卻是可以進口的。一九六四年，裕隆開始裝配生產日產小汽車青鳥（BLUEBIRD）。一九六五年小汽車再度管制進口，但是市場仍然小得可憐。對汽車工業而言，當時毫無生存與發展的條件，因爲除了市場有限外，更重要的是基礎工業也無法配合。另一方面，有許多人開始顯得不耐煩，認爲裕隆阻礙台灣汽車工業的發展。政府當局在完全不懂汽車工業的情形下，政策大亂。一九五九年三月，裕隆在「吉普」滯銷的窘狀下，推出大卡車新車種，不料擅長落井下石的主管機關隨後又宣布開放卡車進口。裕隆真可說是欲哭無淚。

一九六〇年三月，政府停發計程車牌照，裕隆青鳥轎車的銷售因而被迫中止。一九六一年三月，公路局向德國朋馳購買三〇〇輛客車底盤，裕隆的日產大卡車再次遭受挫敗。凡此種種，其實已知當年爲私利所作的決策著實誤導了國家發展，而裕隆蒙受的許多「被保護」傳聞，則導因於過度缺乏行銷與公關的概念，直到今天仍無法扭轉此一頹勢。由此也可看出，一廂情願地倡言「書生報國」或「工業報國」，如果沒有相當的商業或政治手腕，仍會非常吃力。人類社會畢竟還是「錦上添花」者多，「雪中送炭」者寡，早年裕隆創辦人嚴慶齡的苦心可說是枉然的。

一九六六年六月，監察院甚至還因裕隆公司而對行政院發出「糾正案」。這在今天看來，都成了國家級笑話。相信其他國家根據此糾正案，就能評定台灣到底是可敬可佩抑或是可憐的了。同一時期，政府開放新汽車廠的設立，於是又有三陽、三富等汽車公司問世。

形勢益加險惡

豐田也在一九六九年與六和工業合作設立六和汽車公司，並且裝配上市銷售第一代的可樂娜，不料，台灣局勢丕變，退出聯合國，中（台）日斷交，豐田立刻決定退出台灣。反觀裕隆與國產汽車仍然合作愉快，不過，在愉快的背後難免有相對立的事情發生。有些人士表示，國產汽車根本就吃定裕隆，因爲裕隆不懂商場技巧，不但交了車子常被延遲付款，所有附件的生意也讓國產汽車自己包了，包括租賃等其他周邊利益，裕隆從未得到一絲好處。有人謠傳它連車子的定價都不能作主，甚至傳言裕隆業務部早被國產汽車收買。日後福特六和的設立、三富引進雷諾、羽田與標緻合作，使得市場的競爭形勢對裕隆來說益加險惡。

接著，三陽再度投入汽車生產，使市場更加激烈、嚴酷，對裕隆愈來愈不利。

當嚴慶齡逐漸淡出退居幕後，便由嚴夫人吳舜文接掌裕隆。沒想到，另一項謠言也接踵而至。

十信事件發生之前，車市盛傳國泰集團蔡家與國產汽車集團張家一方面聯手開發新店的「大台北華城」，一方面更在股票市場大肆收購裕隆汽車股票。有人猜測因為嚴慶齡身體違和，而吳舜文掌權之後又不能從台元分身，且年歲也不低，加上獨子嚴凱泰當時年紀尚小，長年旅居國外，致使裕隆在企業接班上有很大的缺口。如果傳聞屬實，從企業經營的角度來說，以聯手方式收購股票，再進一步取得經營權，可以說是企業兼併相當高明的作法，但是從裕隆的角度來看，就難以釋然了，因此這件事情的真假為何？應如何看待？便成為非常複雜的問題了。

當時實際的情形是，國產汽車是裕隆的獨家總經銷，裕隆沒有任何直接面對消費者的銷售經驗，公司多年來也從未有過建立經銷商經歷的人馬。但是，傳說愈來愈像真的。在此之際，福特的小經銷商制度正如火如荼地推行者。因著謠言不斷，為求自保，裕隆隨後也悄悄地如法炮製，但裕隆這項舉動，卻無法得到國產汽車的諒解。最後，裕隆與國產汽車變成意氣之爭，雙方分道揚鑣。

但故事發展的背後，卻有著諜對諜的情節，裕隆暗地招兵買馬，建立一、二十家參差不齊的經銷商是整個事件的籌碼，也成為裕隆與國產汽車分手後，被福特六和一路追趕，並拔得頭籌的真正原因。因而裕隆今日之痛也就不難知其原由了，因爲這些經銷商水準落差甚大，造成輔導上的困難，更嚴重的問題則是，如何輔導經銷商係一件極需專業的工作，過去在台灣可以說沒有這樣的人才，若有，無非都是透過國外原廠代訓而來，裕隆當時並無這類人才可以上第一線作戰。而且，還有最懂得行銷的豐田要搶灘台灣！

更換代理商的革命

事實上，一家像國產汽車盤據市場長達三十年的銷售公司，是不可輕易變換的。商業問題仍然以商業手腕來解決才是上上之策。在日本，三、四年前就曾出現同樣的問題。德國福斯（ＶＷ）決定拋棄爲其出力打拚五、六十年的YANASE集團，而在日本設立分公司。後來YANASE轉爲ＯＰＥＬ的總代理，立刻變成ＶＷ在日本最大的競爭對手。在台灣，三信商事曾於七○年代與八○年代風光兩次，原本手上的英國JAGUAR代理權因售後服務的投資效益不佳，而被英國總公司撤換，箇中原由暫且不論，結果取代三信接手的新加坡財團，在銷售上，表現是每下愈況，未見起色。

問題核心就在於更換代理商有如發動一場革命，革命就是非常的破壞與非常的建設，這說來簡單，但實行起來卻困難重重。更何況要建立一個完整的行銷通路，本來就不是一件容易的事，尤其是在市場競爭日益激烈之時。事後，證明真的是兩敗俱傷。國產汽車原以爲可以繼續全省的維修業務，但是，很快的就發現事與願違，在台灣全境，已有上萬家大小規模的修車場，客戶幾乎是以方便爲唯一考量，尤其是台裝車車主，環境一旦丕變，客戶的向心力必然大打折扣，完全不再是原先所預想的可以靠修護存活。

近年來，車界因競爭激烈，竟掀起了一股「ＭＢＡ」旋風，連裕隆也不例外。每家公司總以爲找到一個ＭＢＡ就像找到救星。殊不知很多ＭＢＡ拿著４Ｐ、６Ｐ乃至８Ｐ理論，就想大張旗鼓，從未考慮到台灣這些年來各方面皆產生急劇的變化，不說八〇年代以前的經濟環境特質，八〇年代之後，歷經政治解嚴、報業解禁、股市翻騰、民權高舉、地價飆漲、社會解構、權力重整……，消費大衆已經過一番徹底洗牌，而ＭＢＡ們的人文素養只能自修得來，對於社會現象學有幾人修過？對於消費心理學研究有多深？或者對汽車本業的瞭解程度有多少？再說，汽車是一種極爲複雜的商品，它是科技的也是人文的，而台灣本地的汽車教育最高卻只有師範大學的工業教育系（培養的是師資，而非真能動手的實務人才），或工專的機械科汽車組，嚴重落後於實際需要。或許這就是美國通用汽車自己設立通用汽車大學的理由吧？

這樣子的基本社會條件，加上裕隆三、四十年來從未涉及直接銷售業務與經銷輔導，與國產分家後，當然造成兩敗俱傷的局面。而當年的變局所導致的市場變化，其具體數字的消長如下表：

年度	裕隆	福特	總市場
一九八五	三九、〇八八	二一、四二六	一三四、九九七
一九八六	四三、五二四	二二、六四二	一九五、九三八
一九八七	四九、九九七	三六、三七三	三〇一、二九七
一九八八	四七、二一四	五七、三五八	三六八、六八五
一九八九	四二、九三八	七七、三一三	三五五、七三八
一九八五～一九八九的比較	一〇九．八五％	三六〇．八四％	二六三．五二％

單位：輛

在總市場成長了二．五倍以上的情形下，福特同期躍升了三．六倍，裕隆幾乎等於在原地打轉，可以說江山盡失，而作戰講的是氣勢，有道是「兵敗如山倒」，裕隆到了一九八九年偏又遭遇豐田開始推出台裝車，對初返國門的裕隆少東家嚴凱泰來說，實在相當不公平。但是商場是現實的，不會留下多餘的空間或時間讓對手準備，我們如果把一九八八年及一九八九年福特的進口車計入，落差更爲驚人，一九八八年，歐洲福特賣出九、八四二輛，一九八九年又上升爲一六、一八八輛，連同商用車，福特打破了一年十萬輛的天文數字，令全球刮目相看，尤其是其獲利更可觀。相對的，裕隆汽車先是受到大車廠計畫的打擊，再加上這次的分手政策，可謂元氣大傷，直到現在，雖然「新尖兵」（SENTRA）上市，「進行曲」（MARCH）推出，依然無法重振旗鼓，只能在三、四名之間困守，如果沒有太大意外，中華三菱與三陽很有機會後來居上、搶過第三的位子。

國產汽車後來與美國通用合作，先是從事經銷，後來也加入生產行列，但也只能算是代工組裝的性質。或許，無技術國與國外談科技商品的合作案，大概都是這麼無奈吧。

因應變局的整頓

不過事到如今，最重要的是要面對現實，裕隆如何迎向加入GATT之後的台灣市場，乃至下一個世紀的全球車壇變局，應是首要之務。

首先，裕隆應大力整頓業務體系，必要時可參考雷諾汽車取消三富業務處、改設大井實業，統籌所有行銷事宜的作法，此正如一九六〇年代日本的豐田製造與豐田行銷分立，使自身行銷體系競爭力提升；當然也要想清楚裕隆與日產的分野。

其次，在下一波車型調整前，應先徹底檢討產品策略，做好產品規畫，否則無法避免一如現在的三陽HONDA般，進口與台裝同車種，造成自身矛盾，徒增銷售阻力與困擾。就像SUNNY可保留為台裝車名，進口系列就用SENTRA之名，不會有本田的同名之累；而能將業務線上的阻力轉化為助力，何樂不為？

像現在台裝旗艦車型改為PRIMERA，在車型大小上被豐田及福特比下去，亦是產品策略上的瑕疵，不如延續當年的BLUEBIRD車系。不過，相信當年採取這項改變，正是出於重新塑造形象的想法。可惜，裕隆的問題是背了中華民國汽車工業「罪人」的黑鍋。五〇年代毫無汽車工業條件可言的台灣，根本不可能裝上輪子。嚴格說起來，裕隆也是受害者，受到錯誤的工業政策認知與不當的產業資訊影響，根本不能怪罪到車子本身，而這都必須得到廣大消費者的體諒與認同才行。

第三，現階段INFINITI這個牌子是裕隆除弊興利的最大資產，甚至可一舉奪回日產／裕隆往日在國內的地位，且對所有日產的進口車也大有助益，對台裝車系當然也有振奮作用。然而，如果仍有創造自有品牌的理想，不如暫緩，等到政府當局開竅再說，畢竟以今日官員們對汽車工業的認知而言，要自行進行新車開發的大型投資，無疑是自找麻煩，不如透過國際合作，促使政府徹底改變低俗且沒有品質可言的科員政治，或許是現階段比較實際的作法。

根據最新消息顯示，裕隆正企圖整頓經銷網，傳言之一是要採行進口車與台裝車分離的策略，原因是進口車系列銷售狀況不理想，經銷商紛紛大喊吃不消，這與福特系統無人肯放棄進口車大相逕庭。也就是說，未來的進口日產車將由經惠公司進口後再交給新建立的銷售網販售，原來的台裝車體系則另外進行整合，以求取更大的戰鬥力。因此，除非有「武林高手」降生，裕隆的日產汽車才有翻身的契機。然而要和已穩穩扎根五年的豐田，或福特系統拚鬥，恐怕相當困難。但是，無論如何，肯變就是大勇的表現。其他變法方式也有很多種，例如INFINITI的經營模式要如何建立，已是一大課題，愛車人士不妨拭目以待。

中華汽車動作非凡

此外，從裕隆集團的另一家汽車公司中華汽車來看，中華在坐穩商用車龍頭地位後，已積極進軍轎車行列，入門車是LANCER一六〇〇C.C.，接下來又跨入旅行車領域，在產品策略上，正好切到裕隆原本基礎最强的新尖兵系列，其中所顯示的意義十分奧妙。

意義之一，我們認爲這些動作乃是針對日產方面的態度而來。四十年來裕隆與日產的關係，連外人都能嗅出不是很融洽的味道。尤其近三、四年，表面上日產雖已投資裕隆二五%的股份，但是和豐田與國內的國瑞及和泰兩家的關係相較起來，氣氛大不相同。那麼，如果裕隆集團旗下有一個爭氣的中華汽車，似乎可以證明並非裕隆不行，而是日產太不合作，正可逼使日產當局自省，改善未來的合作態度。

其二，中華在轎車領域的表現已相當優異，其電視廣告的運用，亦請侯孝賢掌鏡，開創不凡的意境；而在强調人性的訴求上，更以林昭亮這位音樂神童來搭配，絲毫不輸給豐田。這對裕隆内部人員來説，正如一招黃飛鴻的無影腳，踢得自己也不能不檢討，應調整本身公務人員般的心態。

當然，中華汽車自身面臨最大的挑戰：一是服務網建立的速度與銷售量的比賽，一是如何在商用車與轎車不同的販售方式中取得平衡，否則一旦氣勢停頓，很快就會失去戰力。因爲國内汽車市場的密度與世界各國不同，加上其他廠牌推陳出新的速度也將加快，而以中華目前氣勢之旺進逼裕隆，不但足以出戰豐田、福特與三陽，更可刺激裕隆，如此高明的動作，至今已見成效。未來，日產與裕隆的合作，也許會減少一些人爲的障礙吧。

其實以裕隆爲例，政府如果能減少一些干預，讓業者自行整合，才是比較明智的作法，否則像裕隆四十餘年的老公司，又如何能夠輕易與其他公司合併？再説，每家合作對象都不同，要怎麼去整合呢？

思考空間

●以裕隆汽車來代表台灣的汽車工業合理嗎？為什麼？

●如果你反對把裕隆當成台灣汽車工業的代表，你如何將它們畫分清楚？

●你以為裕隆和國產分手時，雙方知道豐田要來嗎？福特方面會很高興嗎？

●如果裕隆堅持留在「製造」汽車的角色，你認為它的「銷售」要如何整合？

●你知道製造汽車已非易事，如果當局不知道也不想協助，怎麼辦？

●像汽車工業這麼大的投資的業者，有親友在政府機關擔任關鍵決策角色好嗎？

●你知道台灣是世界密度第一的汽車「製造」國嗎？這對我們好嗎？

●你能不能使裕隆反敗為勝？如果美國的艾科卡先生來，能嗎？

●汽車工業重要嗎？台灣如果還想擁有並發展汽車工業，現在來得及嗎？可能嗎？

●與瑞典SAAB或南韓現代、大宇相比，為什麼裕隆會變成現在這樣？

●以一個汽車的客戶角度看裕隆，你有何簡單的評語？

●加入GATT後，將進口日本的日產汽車與INFINITI，裕隆能賣得好嗎？

●你覺得裕隆和日產能畫上等號嗎？裕隆應如何提高或改變形象？

第四章
福特汽車路線爭奪戰

福特汽車在台灣可以說是締造了世界性的驕傲。除了獲利驚人之外，福特幾乎已經掌握了台灣四分之一的汽車市場，使市場佔有率世界第一的美國通用汽車極端眼紅，一九九〇年前便急著搶進台灣車壇，現在不但已設立分公司，同時也有了組裝廠，甚至希望像在美國一樣，擠下福特再稱第一。

事實上，福特在台灣也走過一段漫長的路。一九七〇年，福特被政府連哄帶騙，接續豐田留下的攤子，正式登陸台灣，產製歐洲福特系列產品，並於一九七三年公開上市；初期問世的產品有一三〇〇C.C.的小金鋼（Escort）、一六〇〇C.C.的跑天下（Cortina），以及菲律賓級的貨車「利大」，後來再加入更高級的千里馬（Granada），這些都是歐洲版的福特汽車。

風光一時的歐洲福特

歐洲版福特剛在台灣上市時，因爲政府正好於一九七四年停止小汽車進口，因此相當風光，立刻變成車壇新貴（物以稀爲貴），有些經銷商甚至隨即引進美式業務管理花招，讓業績不錯的業務代表升爲專員，並且可以自聘助理小姐；車壇也出現所謂明星車及陽春車，其實就是硬性增加配備，如鋁合金鋼圈、防銹處理、電動窗、中央門鎖、加寬輪胎等，有的甚至要多付十餘萬元才能夠買到，有時還會因朋友介紹要求特惠而反目，箇中原由多半是因爲利益分配不均。但是，這段期間福特的小貨車卻賣不動，理由是長相太差且配備不好，顯然當年不太作興市場調查。

與台灣市場的蜜月期過後，福特很快地就遇到打擊，歐洲版的「堅固」成爲「耗油」的代名詞，唯利是圖的行銷手段也引起消費者的反感。這個問題，造就了三陽本田。早在一九六八年，三陽就開始裝配小汽車了，那時產製的是富貴六○○，後來因爲豐田、福特一出一進台灣，三陽覺得苗頭不對，轉而裝配小貨車「發財」號，此款車型盛行一時，甚至成爲小貨車的代名詞。到了一九七六年，三陽又以一二○○C.C.的喜美（CIVIC）投入小轎車市場，並且拜能源危機之賜而打了福特一記，但相對地卻將小貨車市場拱手讓給了中華三菱。

除了耗油之外，福特更致命的問題是零件價格太高，這成爲最大的打擊；稍後的二六○○C.C.千里馬傳說，又因爲自製率過低被檢舉，真是禍不單行。當時千里馬的自製率是六○%，然而若以出廠價計算，其中竟有四八%爲工資成本，自製零組件只佔了一二%，所以後來不得不暫停生產。

直至八○年之前，上述情況都未改善，因此福特決定完全改變在台生產策略，放棄歐洲過長的補給線與運輸成本，轉向日本馬自達系統，因爲當時福特已擁有馬自達汽車二五%的股權，日本並有馬自達版的福特汽車上市銷售。

限額開放進口

一九七九年，政府在壓力下以權利金標售方式，限額開放美國和歐洲的進口車。第一批標售時，中央信託局賺了一億餘元權利金；第二批則因競標，而使標金高達每一美元需付權利金新台幣一八．六元，中信局意外地多賺了五億台幣。同時，台灣的汽車貨物稅也出現全面的轉變。在此之前，小汽車貨物稅僅爲一五%，但進口車的計算方式則是在抵岸價（ＣＩＦ）外，先加成二〇%爲ＤＰＶ，然後加乘關稅，最後再乘上貨物稅。簡單的公式如下：

ＣＩＦ× 1.20 ×1.75×1.15＝抵岸成本

抵岸價　完稅價　關稅　貨物稅

早先中央信託局的權利金是以ＣＩＦ計算，沒有納入核稅基礎，而當貨物稅改變後，新的計稅稅率分別是：

CIF×1.20×1.75×1.25＝2000 C.C.以下成本

CIF×1.20×1.75×1.35＝2001～3600 C.C.成本

CIF×1.20×1.75×1.60＝3601 C.C.以上成本

除此之外，汽車代理商制度也相應開放，亦即所有貿易商只要有賣方報價就可以進口，形成進口車業者自相殘殺的現象。當時福特野馬（MUSTANG）因係五○○○C.C.的大車，在新的計稅方式下成本暴增，一時間全台汽車業亂成一團，當年的決策階層或許都在暗中偷笑一堆笨人血本無歸。而這個「野馬事件」，也更加深了消費者「福特耗油很兇」的刻板印象。

艱苦經營時期

一九七九年～一九八四年間，福特一直處於艱苦期：首先是我國在八○年八月一日正式開放歐洲三○○○C.C.以上汽車及美國車的進口限制；接著在八四年底發生西班牙車喜悅（SEAT）事件；而真正火上加油影響到國產車業者的，則是八五年的飛雅特（FIAT）事件。同樣爲三廂式小轎車，義大利的一六○○C.C.飛雅特在一九八四年六月宣稱只售價四十六萬八千元，比台裝標緻（PEUGEOT）

三〇五的四十六萬九千五百元還低，並且還是全面性調降，而非挑戰單一車種；由於飛雅特是典型的三廂式車款，不比兩廂的喜悅，當年著實重傷了幾家國內裝配的車廠。此即著名的「R」計畫，當時車壇曾爲之喧騰不已。

隨後，福特汽車不得不採取變更行銷通路的措施，在全省各地徵募新兵，並不惜向其他廠牌挖角，對之曉以大義，表示此乃自創事業的最佳良機。不料此時三陽汽車發生「張國安事件」，造成業界的連鎖反應。許多人對大公司產生信心危機，甚至傳出基層幹部與員工的不滿聲浪，認爲再努力也只是創造利潤分享股東，員工並未因此而受惠，所以福特很快便徵召到不少各路英雄。

現今福特汽車最大的敵手是豐田，一九九四年剛開始，福特中壢總公司就上上下下忙得不可開交，幾乎是全員備戰，連經銷商也絲毫未鬆懈。小的嘉年華必須提防裕隆的進行曲（March）、達亞的祥瑞、新象、大慶的捷士帝，還有太子的福星；全壘打則必須面對更多對手；天王星（TELSTAR）與TX5的戰場從一八〇〇C.C.延伸至二五〇〇C.C.，目的也只不過是想一網打盡，穩住台裝車「老大」的地位，此時本田的新雅哥（NEW ACCORD）偏又來個強勢登陸，吃緊的戰局真是令第一線二五〇〇個左右的業務人員喘不過氣來。然而至九四年四月份爲止，把進口車加上台裝車合計，豐田就已經與福特的台裝車、加上美國福特和德國福特總計各勝兩場了。

自一九七二年以來，由於福特台裝車改採日式策略，使其一躍成爲業界龍頭，如今遭逢新的勁敵豐田，又須提防中華三菱，「路線爭議」變成應該重新思考的問題。當然，就現況來說，福特台裝系列並沒有太大的問題，需要考量的或許是商業車輛的本土化、歐洲進口車面對日圓不斷升值的機會與通路運用，以及美國福特是否繼續放任貿易商大量進口而本身卻仍拿不定主意？

基本上，台灣福特和其他外商分公司相似，只是總廠全球策略中的一個小環節，當福特總部一有大動作時，台灣就必須隨之調整。例如，最新報導指出，福特雖有馬自達二五%的股份，但在福特擬定的全球策略下，新的世界車是歐洲的MONDEO，因此可能會放棄在日本生產的TELSTAR，或調整改以MONDEO上線，果真如此，台灣版將如何變化？

雖然這是一九九四年六月底才出現的訊息，距實際變化至少還有兩年，而我們預測可能的變化是：日系馬自達將强化目前的台裝車，甚至改走EUNOS路線，或者重回CAPALLA名稱，搭配自美進口的六二六、MX—六，以及未來自日進口的MS—八、MS—九，則馬自達再現雄風並非不可能。也就是說，馬自達目前默默耕耘的台裝三二三車系與進口車併賣的銷售網將可能擴大，除了順應政策、迎接由日進口的車系外，台裝車系調整完成後，也可以立刻上線作戰。

這樣的推論並非毫無根據，因爲台灣汽車工業不是自主性很强的產業，無法像經濟部所說的「合併」了事，各家車廠必須尋求對自己最有利的機會點。以福特來說，如果全球策略改變，MONDEO車系台裝化，造成日系馬自達出缺，仍然可以挪出部分生產線來給馬自達，如此非但不會浪費既有的裝配線，同時增加了OEM廠商的籌碼，且當設備使用率提高時，生產成本也相對降低，整廠競爭力自然大爲提升。

市場拓展吃力

然而問題是，九四年福特與豐田纏鬥的結果，其轎車市場的總佔有率竟然已略居下風，微幅落敗。於是福特不得不進行有史以來最大的低利優惠促銷活動，進入「更型期」的全壘打必須抵擋聲勢凌厲的三菱菱帥（LANCER），再加上低利促銷的裕隆日產尖兵（SENTRA）等，福特這場仗是異常辛苦的。

嘉年華的壓力稍輕，這主要是因爲相對競爭羣較弱；但由於車型已老，加上裕隆MARCH全力搶攻，此役亦非輕鬆之事。至於天王星則還有漫長的路要走，本田進口雅哥與台裝雅哥已經夠兇悍，豐田新舊可樂娜（COROLLA）的魅力有增無減，裕隆的霹靂馬也在奮力搏鬥。當福特全車系都面臨最激烈的戰況之際，對於進口的MONDEO幾乎無力去照顧，但在未來福特全球策略變局中，MONDEO的角色卻又非常重要。雖然市場上一度出現歐洲SCORPIO水貨，使福特陣腳稍亂，但處於現今的「低利」大混戰中，福特必須規畫出至少五年的前瞻目標，否則市場的拓展將愈來愈吃力。

事實上，福特總部已經對其全球策略做了一些調整，新架構當然不是針對台灣，而在全球汽車市場戰局進入二十一世紀前，福特做此改變的主要因素有三：㈠是新成本觀念的戰爭，福特全球年產量約六〇〇萬輛，希望將來每輛車能節省三五〇～五〇〇美元，這樣一年可省下二〇～三〇億美元；㈡總部合併後，組織運作更爲靈活，開發中的FF前輪傳動系列留在歐洲，其餘新車的開發都集中到北美，原來北美福特總部與歐洲福特總部各行其事的現象便不會再出現；㈢一九九三年歐洲福特出現九億六千萬美元的赤字，北美卻有十九億美元進帳，其中一大因素即在於開發成本的控制，因此福特不得不採取斷然措施，以面對二十一世紀的競爭。

品牌價值觀需重塑

總部的變動，有利於各地車廠以更迅速的步調對競爭者進行反制，但是對台灣本地的福特汽車而言，在新全壘打進入預備線後，台裝車戰線如何加强、進口的歐洲線與美國線如何穩住，都需要一套好辦法才行；其中全壘打的馬自達版已於一九九四年六月八日在日本發表上市，車體放大爲長四三三五ｍｍ、寬一六九五ｍｍ、高一四二〇ｍｍ，軸距拉長爲二六〇五ｍｍ。這款第八代三二三車系與日產的新一代速利（SUNNY）相差沒幾個月，而SUNNY尺碼爲四二八五ｍｍ／一六九〇ｍｍ／一三七五ｍｍ／二五三五ｍｍ（此日本版SUNNY即國內之尖兵SENTRA），可以預見未來這一級車的戰爭亦將熱鬧非凡。但就福特台裝車來說，應該重視的是品牌價值觀的重新塑造；這是整體形象的包裝問題，不是目前標榜的ＣＱＣ所能奏效的。

總而言之，福特連續數年位居台灣車壇龍頭，不能不做衞冕之爭，但豐田也是來者不善，福特現有小而多的經銷系統雖然比豐田弱，但是如果可以發揮「鄉村包圍城市」的戰術，並且妥善規畫美規產品線與歐洲策略，以「少量」、「多樣化」取勝，或許能夠保住領先的地位。目前台灣福特最頭痛的應該是它的冠軍保衞戰，至於新的全壘打何時問世，雖然福特希望對日本馬自達的新型三二三車系保密，但這已益形困難，因爲對手强了，資訊戰亦已開打，好的策略運用已成爲致勝的最重要因素。

稱霸車壇多年，福特的任何動作都會牽動整個車界。對廣大的消費者來說，這些商場上的競爭正是買家之福，盼望透過良性競爭，台灣汽車市場會有更合理的經營與更好的產品。

思考空間

- 福特汽車在台裝配的是日本馬自達系統，你是否知道？兩者有什麼差別？
- 「德國系統」和「日本系統」的福特最大差別爲何？你偏好哪一個？
- 同樣外型、又都是國內裝配出廠的福特和馬自達，你覺得哪個牌子好？
- 就經銷商來說，你認爲福特還是豐田的比較好？
- 同樣價格的進口車，你是否會對福特較不感興趣？
- 對FORD和MERCURY兩個品牌，你有無聯想？哪一個比較高級？
- 你知道JAGUAR和ASTON MARTIN也是福特旗下的汽車公司嗎？
- 你喜歡向一個不太專業的業務員買進口車嗎？爲什麼？
- 福特超越裕隆成爲台裝車冠軍，你認爲是因爲福特策略成功嗎？
- 銷售第一，就表示該項產品非常優良嗎？
- 購買汽車時，你會考慮哪些因素？請依序列出四項。
- 掛上豐田標誌的天王星就可以比掛福特標誌的貴，你是否同意？爲什麼？

第五章

喜悅與飛雅特事件後遺症

在一九八〇年代的台灣車壇，車商的態度是從觀望到驚愕。一九八〇年八月一日，政府正式開放歐洲與北美汽車進口，這是國際貿易走上自由化不得不採取的措施，但是，很多汽車代理商還是存有幾分驚疑，擔心政府當局或許再過個兩、三年又會停止進口。這除了顯示進口車業者長期以來飽受忽視之外，另一方面也突顯出進口車業者對國際經濟情勢的研究不夠專業與投入。

事實上，在八〇年代，貿易自由化的政策就是一條不歸路，因此，如何掌握商機，便成爲企業經營者極爲重要的課題。不過，大多數的代理商還是早期第一代企業家，似乎不易從六〇年代的現實一下子跳進八〇年代。因此進口車市場一開始仍然是一片悄然。

一九八二年，ＢＭＷ已嶄露頭角，全年售出二、五〇〇輛。這個訊息其實頗不尋常，因爲同期的朋馳汽車也不過只有一、五〇〇輛的銷售量，而其他歐洲車，連先前極受歡迎的富豪汽車也只提高十個百分點而已，並不像ＢＭＷ達到百分之百的成長。細究之下，所透露的訊息之一是，進口車的行銷通路是否應開展出去？其二，市場真不小嗎？其三，萬一政府又來一次禁止進口的話，車商不是又要措手不及了嗎？所以，暫不論應有的售後服務投資，很多汽車公司根本還停留在貿易商的型態，連一個技術人員也沒有！這意味早期的消費者雖付出更大的代價購買進口車，卻得不到應有的對待。其中一個原因是業者所知有限，另一則歸因於政府決策人士對於汽車產業若不是不懂，就是瞭解得太透徹。

低氣壓中的爆炸事件

事實上，進口車業者並非沒有敏感度，如台裝的羽田標緻似乎很有衝勁；三富也力圖翻身，準備與法國雷諾合作，來替代日本速霸陸。此外，福特六和的日系產品策略也成功推出上市。但整個車壇的氣壓，其實還是相當低沉的。

一九八四年底，來自西班牙，原是義大利飛雅特（FIAT）組裝廠的喜悅（SEAT）汽車廠，掀起了車界風波，透過聯合報社會新聞事件的模式，由檢驗台裝車暴利內幕，拉出西班牙喜悅低價汽車，使這個廠牌的知名度由零即刻變為一炮而紅，是國內第一個完全因媒體策略運用成功而竄紅的汽車廠牌。

喜悅車廠在七〇年代末期終止與飛雅特車廠的合作關係，轉投德國福斯（VW）集團的懷抱。為求有所作為，先是央請德國保時捷（PORSCHE）工程部門設計引擎，並裝置在原飛雅特汽車RITMO西班牙版RONDA的車身上。這事還導致兩廠鬧到歐洲法庭。但在台灣，「保時捷引擎」卻使「喜悅」這個原本沒沒無聞的車廠，一躍成爲炙手可熱的大牌。回顧六〇年代，裕隆汽車創辦人嚴慶齡每回提到喜悅車廠，總是難掩歆羨之情，因爲它得到西班牙政府的大力支持，甚至可以坐大到和母廠翻臉。一如九〇年的南韓大宇汽車，也是經過多次與美國通用汽車攤牌而至分手。

不過，由於RONDA爲兩廂式造型，冷氣系統又必須在台裝置……等因素，一開始固然聲勢浩大，加上經銷商們在各地大張旗幟地宣傳，幾年之內可以說相當成功，也令西班牙在大爲讚賞之餘感到十分錯愕，因爲在全球任何一個成熟的市場，都不可能有這樣的表現。不過，這也帶給西班牙人一個錯誤的示範，以爲台灣就是能接受這種組裝級的車輛。

「R」計畫時勢造英雄

一九八五年，飛雅特的國內代理商推出了「R」計畫，這個動作完全沒有針對喜悅汽車的成份特性，更沒有原廠的授意。當時考量的主要因素是：八三年及八四年的庫存車必須立即出清，時間拖得愈久也就愈不利。其次是市場上，車價在五十萬元以下、三十五萬元以上的車輛一年達五萬輛，如果以相同的三廂式車型、相近的引擎容積、接近的價位，一定能奪取相當的市場佔有率。而且「R」計畫的主角飛艇（REGATA）引擎一六〇〇C.C.，馬力極佳，達一百匹，於一九八二年在台上市，普遍反應不錯。其代理商在全省亦已有主要的大據點與維修能力，如需加大十倍的財務周轉，依其銷售過大發柴油貨車一年六、〇〇〇輛的經驗來看，在能力上也不是問題。雖說當時國內最有力量反擊的廠牌爲福特汽車，但係以台裝車爲主力，不可能於短期內採取任何動作。於是，另一個時勢所造成的新英雄順勢出現了。

一九八五年六月，「R」計畫比原定時間提前了一個半月在報紙媒體上亮相。原因是：原定的七月底，固然車已到貨，但易被競爭廠商貼上「庫存舊車」的標籤予以打擊；再者，當時的新聞焦點是放在高中及大專聯考上；其三，該時節可能碰上颱風；第四，農曆的鬼月即將到來，不利新車上市。於是按原有計畫，以發布獨家新聞的模式，並且採取「全面降價」的大趨勢架構，選定「同樣來自歐洲，原裝比台裝更便宜」的宣傳口號，把主力一六〇〇C.C.的三廂REGATA自六十七萬八千元降爲四十六萬八千元，比標緻三〇五型一六〇〇C.C.四十六萬九千五百元還便宜一千五百元。此外，並配合飛雅特、蘭吉雅兩個廠牌的全面降價動作，抬高新聞性。

這樣的新聞事件，基本上雖然立意不錯，但是，最重要的是時機選擇。這則新聞見報之際，正是「江南案」宣判前後，媒體受指示，必須淡化報導，因此造成此一汽車價格大公開的連續性追蹤報導，大量出現在報紙的第三版上，使得事件的主角獲得無法估算的利益。因爲在飛雅特刻意塑造獨家新聞下，而不得不被漏網的大報之一，就很不以爲然地批評該報導有宣傳之嫌，使得該廠商節省四千萬元以上的廣告費。其實，以邊際利益計，何止此數！

無論如何，飛雅特與喜悅兩個廠牌從一九八五年起都成爲國人的最愛是事實，直至豐田三度回到台灣市場。從下表可以大致看出其變化。

年度	FIAT	市場佔有率	SEAT	市場佔有率	進口車總計
一九八五	一、六七七	一一·三七%	二、四八三	一六·八三%	一四、七五一
一九八六	三、八九〇	一六·八七%	四、一八二	一八·一三%	二三、〇六三
一九八七	六、五〇七	一六·八七%	四、四九四	一一·六五%	三八、五六三
一九八八	一三、五九二	一一·六二%	一〇、六〇五	九·〇六%	一一七、〇二一
一九八九	一一、四一〇	六·九〇%	九、二八〇	五·六一%	一六五、二八六
一九九〇	五、一七八	三·九二%	五、三三七	四·〇四%	一三二、一七四
一九九一	二、八一八	三·二八%	二、〇七二	二·四一%	八六、〇二七

單位：輛

曇花一現的成功

從上表可以看到，幾乎在一九八六年、一九八七年時，這兩大贏家是以勢如破竹的姿態出現，差不多每十部進口車就有三部是飛雅特或喜悅；但是到一九八八年即開始萎縮，原因之一是環保的廢氣排放標準自一九八九年開始實施，其對汽車產業影響之大非一般人所能瞭解，尤其有一期、二期，再加上「耗能標準」攪局，對進口車業者來說，實在有失公平，但是，業界不太能以合作的態度面對主導公共政策的官方，卻是一面倒的真正主因之一。此外，豐田正巧三度返回台灣，以及美規日裔車（美國製造的日本車）的開放進口，這些皆是歐洲次品牌的真正殺手。當然，飛雅特和喜悅都未能在有效的時間裡趁勝把根基扎穩，確實掌握戰情，並穩住公司內部的人力資源，也是後期兵敗如山倒的原因。

如果我們回溯一九八四年以前的數字，可以發現一件更有趣的事實，在一九八〇年政府限量開放歐美汽車進口時，根本沒有喜悅汽車的空間，因那時喜悅只是飛雅特旗下的裝配廠而已；而飛雅特自一九八〇年～一九八四年，在台灣的銷售數字依序爲：八〇年五十輛，八一年三九五輛，八二年三八〇輛，八三年二〇六輛，八四年三九七輛，最高峯時的八八年更達一三、五九二輛，成長達六十倍以上。恐怕這樣的成長史，未來很難再出現。但當年卻有公司內部聲音强烈反對大量銷售，而未建議加强服務、技術與零件等分工，以凝聚內力。

其實，一直到九〇年的統計數字顯示，飛雅特的車口數在國內總排名爲第八位（見附錄），是許多台裝車所不及的，但兩次事件對車界的影響程度最後是差別不大。問題就在於兩個品牌的主事者都不太確知如何穩住陣腳?至於應如何趁勝追擊，更未成爲內部經營話題。事實上，如果準備周全，商場上的局勢不可能像真正的作戰那樣兵敗如山倒。像飛雅特到了九三年竟然退縮到七五八輛，喜悅也掉落到五八六輛，和高峯期的一萬輛相較，可以說是天壤之別，令人無法置信，難怪日後會發生喜悅汽車代理權動搖事件。

由於喜悅和飛雅特所加入的市場完全以台裝車爲主，因此對其影響不小；但因正遇上市場大幅成長的契機，國內汽車業者雖然有一些損兵折將，但傷勢不重。從下表可以看到台裝車總市場依舊快速成長。至於裕隆的挫敗，自然得歸因於與國產汽車分家之故；三陽、三富及羽田標緻在八〇年、九〇年的受挫，則是台裝豐田搶灘之效。因此台裝車界原本不在乎進口車，而後來在豐田美規COROLLA大軍壓境下變得驚惶失措，竟被COROLLA以單一車型攻下一年三萬輛的市場，也是不足爲怪的。

年度	台裝車	市場佔有率	進口車	市場佔有率	總市場	裕隆	福特	本田	雷諾	標緻	豐田
一九八五	九九、七三〇	八七・一一%	一四、七五一	一二・八九%	一一四、四八一	三九、〇八八	二一、四二六	一七、六四一	七、一五四	四、八八〇	—
一九八六	一一一、九三四	八二・九二%	二三、〇六三	一七・〇八%	一三四、九九七	四三、五二四	二二、六四二	二〇、九八〇	八、八五二	五、一三九	—
一九八七	一五七、三五七	八〇・三二%	三八、五六三	一九・六八%	一九五、九三八	四九、九九七	三六、三七三	三四、五一〇	一二、一〇八	七、一八八	—
一九八八	一八四、二七五	六一・〇六%	一一七、〇二一	三八・八四%	三〇一、二九六	四七、二一四	五七、三五八	三七、七五〇	一五、六七三	六、六二二	—
一九八九	二〇三、三九九	五五・〇七%	一六五、二八六	四四・八三%	三六八、六八五	四二、九三八	七七、三一三	三九、〇六九	一二、〇〇二	六、一七三	六、三四三
一九九〇	二二三、五九一	六二・八六%	一三二、一四七	三七・一四%	三五五、七三八	四一、一八九	七七、九四八	三一、九一八	一二、二九二	七、四〇四	一八、六六九
一九九一	二六四、八八八	七五・四八%	八六、〇二七	二四・五二%	三五〇、九一五	五三、四三九	八〇、一二六	三六、二八〇	一三、三六四	四、七九一	二七、四三四

單位：輛

車界重新洗牌

八〇年代台灣社會的劇變，幾乎是到了所謂重新洗牌的局面。而「財富重分配」這句耳熟能詳的大衆傳播用語，造成了行銷專家們的誤判，難以進行正確的評估；甚至在政爭的陰影下，市場趨勢更加莫測高深。這也就是車壇吹起ＭＢＡ旋風的原因之一。可惜的是，大部分的公司都没有人能把問題找出來，反倒是讓這些MBA從頭摸索，浪費了不少時間、金錢，甚至有累賠數億元仍造就不了一位經理人，喚醒不了資本家的案例，也有莫名其妙陣亡不少人才的。

八〇年代的股市歪風與金錢遊戲，導致總體市場發生不正常的變化與成長，更誤導了車界多數市場分析家，把不正常也當作正常，其中如飛雅特代理商，在市場態勢大幅變化中，並未全力推展業務，如上述一六〇〇C.C.的手排檔車種，訂單曾經長達四個月以上，此時應追加訂車量卻無動作；而一五〇〇C.C.的手排車與自排車也没有趁機再度造勢，殊爲可惜。事實上，以當時處境來說，最應該做的事，除了追加訂貨量以外，更應藉機進行内部員工訓練。俗語說：「驕兵必敗」，當時就有消費者反映飛雅特有些業務人員態度不佳，甚至曾發生交車日時，客戶主動找銷售員，而銷售員竟不認識客戶的事情。其實，當年可以說足足有一年以上的時間讓飛雅特進行員工的品質改造，以迎戰九〇年之後的新挑戰。

錯失升級良機

可惜，該公司甚至暫時放棄二廂式的RITMO與UNO的進口，全力促銷三廂的REGATA。雖然從表面數字上看，有著極爲驚人的成長，但整體來說，仍屬失策。更嚴重的是，當其他公司發現時局大好、市場機會不可多得，於是大張旗鼓、增兵添將、擴張據點之際，這兩個體系竟不知採取「人才保衛戰」，任由業界挖角；一些年資約三年的中階幹部，被缺乏彈性的組織與資深的老幹部擋去前途，紛紛離職他去。以致進入九○年代的另一波「客戶保衛戰」，就換成完全不同的品牌上戰場。

在邁向二十一世紀之前，事實上各家廠牌已進行一場「經營升格戰」，GATT所引發的正是嚴肅一如決戰前夕的企業經營戰，不可不在乎，因爲事關「GET BIGGER, BETTER OR GET OUT」。不僅汽車業如此，許多行業同樣有類似的產業升級問題，只是人們習慣把升級當作是換另外一個行業來看，殊不知道升級是對內部經營品質的一波大挑戰。我們如果知道「飛雅特事件」的進口代理商曾在一九八八年度成爲全國第十大服務業，一九九三年卻退到三○○大之外，並以此爲企業經營實例加以研討分析，應是絕佳教材。

當然，企業經營本就很難有永遠的贏家，重要的是，如何在經驗中尋得教訓。八○年代的兩次汽車風雲變化，自有其歷史定位與意義。

綜合來說，喜悅與飛雅特事件，其實是促使我國汽車產業進入另一次升級的關鍵，幾乎所有的台裝車自八五年代之後，品質大幅提升，可以說真正碰上對手，不敢再掉以輕心。對其他進口車業者而言，也是一個活生生的現實教育，因此已有不在少數的業者悄悄進行內部革命。目前已有公司開始吸收國中畢業生，並進行從業人員在職訓練，以增强企業作戰實力，這些都是良性反應的部分。而未來市場的競爭，只能以愈來愈能贏得客戶的信賴爲指標。我們也相信，製造一些假象來應付原廠，終究會喪失自己全部的客戶，像朋馳汽車就曾經幾乎因爲售後服務不及德方標準而失去代理權。

附錄：一九九〇年止國內各廠牌掛牌排名

名次	廠牌	數量（輛）	市場佔有率(%)
1	裕隆	四七二、一四三	二四・三七
2	福特	四二六、一二五	二二・〇〇
3	三陽	二三九、七三五	一二・三六
4	大發	九五、一二五	四・九一
5	雷諾	七八、六八〇	四・〇六
6	通用（美）	五四、五〇七	二・八八
7	標緻	五〇、五九五	二・六一
8	飛雅特	四四、二二二	二・二八
9	福特（歐）	四三、一七五	二・二三
10	喜悅	三六、四五七	一・八八

思考空間

●進入九〇年代以後，像喜悅、飛雅特這樣的事件還可能發生嗎？

●許多人把飛雅特和喜悅畫上等號，你覺得如何？

●義大利車給人的印象怎樣？你個人有何評價與說明？

●你本來就知道喜悅汽車是西班牙製造的嗎？你認爲西班牙汽車如何？

●SEAT現在已成爲德國VW集團旗下一員，和捷克的SKODA一樣被併購，對不對？

●請直覺地對飛雅特與喜悅兩個廠牌寫下你的評語。

●你知道飛雅特旗下還有LANCIA、ALFA ROMEO、FERRARI、MASERATI等品牌嗎？

●你相信飛雅特和喜悅在台灣曾經一年賣過一萬多輛嗎？

●你相信飛雅特和喜悅這兩個品牌在一九九三年平均每一個月只賣出幾十輛嗎？

●你認爲讓這兩個牌子回復雄風的辦法有哪些？

第六章

積架、喜悅、路寶代理權易手真相

一九八九年，在台重新上市未滿五年的英國JAGUAR積架汽車，再度傳出更換國內代理商事件，將代理權由本地財團三信商事手中轉入新加坡商旗下。這是繼八〇年富豪汽車更換代理後的又一次轉換，但是相較之下，積架事件顯得不可思議，因爲三信家族係一擁有多品牌代理且歷史悠久的汽車集團，對本業的投資向來不遺餘力，因此這個事件衆說紛云，背景也相當複雜離奇。

台灣市場令人眼紅

事實上，當年台灣地區的汽車市場已令不少國外集團眼紅。論規模排名，台灣市場已佔全球第十五名，如果以營業額計，名次更高。再以高級車而言，像德國朋馳的S級大車，台灣市場居然位列全球第三，僅次於德國本土與美國。積架在一九八八年時的台灣市場預估爲五〇〇輛，其實，在一九八七年包括貿易商在內就已達到七五〇輛的規模，這是英方統計第三大的海外市場，僅次於日本與澳洲。

據統計，台灣地區每年新車銷售金額達新台幣二五〇〇億，如果把二手車、零部件、OEM、修護業等加入，則每年更達四五〇〇億以上，再加上周邊的油氣類、配件業與美容洗車等等，這個行業的影響力著實驚人。

因此若干外商看在眼裡想在心裡，如富豪汽車在台灣換爲英商太古集團代理後，自一九七八年至今已不知賺了多少錢；朋馳汽車代理權則屬於馬來西亞華僑私人擁有，令銀行界與外商羨慕不已。因此，積架換手事件的真正原因非常複雜。表面上，其原因是總代理在服務方面的表現太差，原廠除了要求應以獨立品牌的三合一部門（即銷售、技術、零件三項功能合一的部門），從事單一品牌發展之外，也要求對專業經理人充分授權。這是正確的要求，但是英國人並不瞭解我國家族企業的結構和難處。

三信痛失代理權

積架總代理當時在全省只有三處銷售據點，專屬維修區只在台北有，其餘則附屬於飛雅特、蘭吉雅的修護廠內，難以應付市場需要；相較之下，朋馳、ＢＭＷ擁有的售後維修體系就比較傲人。基本上，台灣貿易商對消費者有意願購買的商品都有興趣，他們擁有全台約達七〇〇家的銷售據點，任何可以賣的汽車都會被想盡辦法進口銷售，所以銷售量能與總代理分庭抗禮。這個現象當然令投資總代理的三信沒有安全感，因此向原廠提出封殺貿易商車源並獨立品牌的要求，豈料不僅沒有回應，還演變成撤換代理商的結果。

當時，代理積架的商家因爲同時握有正紅的ＦＩＡＴ及氣勢也不差的

LANCIA，因此對積架的重視不足，再者也擔心投資過度，所以一直是三種廠牌混合使用修護廠，而且以車口數計，ＦＩＡＴ佔全部的八〇%，做好ＦＩＡＴ等於八十分。代理商對此項作法覺得理直氣壯，但這卻導致有強烈白種人優越感的英方決策主管變臉，代理權於是出了狀況（據說是在已經找好備胎、暗渡陳倉的情形下提出的）。

JAGUAR積架汽車在一九八四年十二月重新上市時，產品僅有四二〇〇Ｃ.Ｃ.一種，級距很短，並且只有三速自動排檔，進口成本又高，難以和朋馳的Ｓ級與ＢＭＷ的七系列競爭，唯一的賣點只有其古典美。由於積架的修護廠在中壢，因此業務員都培養出一種服務到家的精神。但這些業務人員承受的壓力極大，他們在公司內部成爲異類，因爲另有銷售飛雅特及蘭吉雅的部門。爲了達成任務，這個團隊的成員被灌輸以「品牌榮譽」，且需不斷地充實自己的專業知識，一度成爲車主們稱道與尊敬的顧問級銷售員。

新積架一度有單無車

JAGUAR自一九八四年十二月起銷售，市況不佳，一九八五年賣出六十二輛，一九八六年七十七輛，但是一九八七年全新的ＸＪ四〇上市時，卻完全反映出業務員的素質和戰鬥力。一九八七年二月份未完，JAGUAR在全省竟然接單超過二〇〇輛，可惜當年因JAGUAR在全球都發生供不應求的現象，而且是該廠十八年來第一次改型，於是台灣的成績不被重視。一九八八年，供應量自一二〇輛提高爲三二〇輛，然而貿易商竟然湧入四百餘輛，這種有單無車，而貿易商卻氾濫的現象，造成經營者相當的無奈。

原來，當代號稱爲XJ四〇的全新積架上市時，在台灣正好與BMW的全新七系列同時，積架在一個月內收到訂單二百餘張，但是原廠全年不過配給代理商一百二十餘輛；在此同時，英國總公司的總裁卻爲錯誤的開發決策煩惱不已。這項錯誤是，開發費用比預估高出達一倍，這個一倍是好幾億的英磅，因此公司財務陷入極大困境之中。英方正在和全球代理商洽談各買部分股權的可行性，以解決難題。

台灣區的代理權，自此有內定換給英國怡和洋行之說，但是，同時參加競爭的還有英商太古集團、新加坡滙氏集團及本地財團，原代理商也再度提出企畫案，其中又傳出一外商集團已同意購買英國積架五%的股份。

其他戲劇性的傳聞包括：英商怡和在香港擁有生意極佳的朋馳代理權，而台灣朋馳則聘有德籍總經理掌舵，銀行業內傳說朋馳的德籍總經理向德方祕密建議，如果怡和取得積架台灣代理，應拿回香港朋馳，作爲進軍中國大陸市場的跳板。

換代理商每況愈下

然而怡和並不傻，他們的提案是在台灣必須與原代理商合作，一來可避免朋馳問題，再者可爭取彈性談判空間；但是如此一來，卻很難讓積架的英方地區負責人找到台階下。太古集團雖有積架南韓代理，在台也有富豪汽車，但不太熱中積架台灣，於是在新加坡原就有積架代理關係的溫氏集團出線，不但正如坊間所傳，願意購買英方五％股權以示積極的意願，對台灣地區的投資也是完全配合，除保留一〇％給英方外，也同意在台另覓參與三〇％的股東，以取得在地人的資源，於是代理權就此底定。

在英國，積架汽車稍後被福特汽車集團買了下來。福特後來只有一個期望，積架不要比四〇年代買的LINCOLN林肯汽車更晚出現藍字就好了（福特買下林肯四十年後才開始賺錢）。福特買積架是有很大企圖的，因爲旗下的ASTON MARTIN稀少又昂貴，而JAGUAR感覺正好，理論上可與朋馳一較高下，於是花掉福特十六億英磅達成交易。

在台灣，故事卻急轉直下。一九八九年，當原代理商把手上一百多輛餘車賣完後，客戶忽然發現這個代理換得很奇怪，原代理商售後服務雖然不是很好，在台北至少還有一棟氣派的五層樓修護大樓，而新代理商……

新代理商的展示室雖然高雅，但氣派已輸，修護據點也只在台北一處而已，設備比路邊攤還不如，進門的客戶無一不搖頭，使得前五年積架顧客好不容易重新建立起來的信心完全喪失殆盡。新代理原本提出的中南部地點更是沒有一個是確實的，一切都需從頭做起，總代理之路一起步就落敗，甚至有人懷疑其爭取代理權的動機與目的。

後來，這個新成立的代理商宣布了一項五年計畫，自一九九〇年起的逐年目標是：一九九〇年三二〇輛，一九九一年四五〇輛，一九九二年六五〇輛，一九九三年八〇〇輛，然後是一九九四年的一〇〇〇輛。不料五年下來，總銷售量竟然只有七百多輛，可見取得代理是一回事，如何經營以取信消費者又是一回事。

無獨有偶喜悅跟進

同樣的故事發生在西班牙的喜悅汽車。

當環保措施已祭出、豐田進入台灣市場、西班牙喜悅車廠也已完全確定併入德國福斯集團，由於新車尚未問世，因此喜悅只有原來的RONDA再加上尾巴的MALAGA車系，以及甫上市三年的IBEZA可賣。因爲遇到環保新遊戲，每一輛車得附加上四百多美金的觸媒轉換器配備，也就是說成本多出約台幣兩萬元，使其競爭力更大大降低。但是，當年提出到巴塞隆納的市場預估，竟然有兩組數字，一個是一萬七五〇〇輛，另一組則高達二萬二五〇〇輛，而所用的新台幣兌美元匯率也預估會漲到二二：一。實際上，一九八九年銷售量已比一九八八年減少，剩下九二八〇輛實績，台幣匯率則在二五．六～二六間擺動，錯誤且粗糙的市場預估，造成雙方關係的加速惡化。

喜悅汽車的問題雖然與JAGUAR不同，但共通點是雙方都希望下一個代理商會更好，只是他們都未完全認知自己的產品及瞭解台灣。西雅汽車就拚命想恢復往日氣慨，征戰市場的賣力精神不知較當年的飛雅特多出幾十倍，然已時不我予。台灣車壇在日系車加入競爭後，市場態勢丕變，若無法掌握行銷要點，將如凌空揮拳，毫無效用。

喜悅汽車的問題其實比較集中在經營層面，除了錯誤的市場判斷與過度樂觀的銷售估計，造成西班牙總廠對台灣離譜的期望外，其代理商又陷在不斷促銷的死胡同裡，導致品牌的負面形象，使後來的接手者不得不變更ＳＥＡＴ的中文譯名，企圖有所突破，不料，新譯名的台語發音「死呀！」卻引發了後遺症。一如義大利的MASERATI台語音譯成「目屎捺滴」；ＯＰＥＬ車系中，VECTRA被叫成「没踹」；裕隆尖兵（SENTRA）又叫做「先揣」；而OPEL又來個ASTRA「也是揣」。雖然這些名稱都是一些無稽與荒唐的附會，但產品命名本來就是一件極慎重的事，不可等閒視之。

路寶的故事

另一個在一九九四年被德國BMW購併的車廠——英國的路寶汽車（ROVER），則是八五年之後台灣地區第三個更換代理商的廠牌。時間是一九九二年，當時滙僑汽車與銷售總經銷的台灣奧斯丁汽車公司已有內部不和之說，使競爭者趁虛而入。

ROVER爲七○年代衆人所知的英國禮蘭汽車旗下車系之一，以三五○○C.C.斜背大車聞名。八○年代JAGUAR獨立後，易名爲奧斯丁汽車（AUSTIN ROVER）。八六年，日本本田投資奧斯丁二○%的股份，產品陸續日化，至八九年決定更名，留下ROVER、放棄AUSTIN。當時英方的決策是放棄大量而廉價的策略，改走高格調、具附加價值的路線，ROVER四、五○年代的皇室色彩與獨特品味，正可用來取代小而廉價的AUSTIN。此項策略立意雖好，可惜台灣時局大不如昔，日裔美規車大量湧入，塑造形象、提高知名度乃至指名度，已非國內現狀下的廣告人所能勝任，也不是傳統促銷方式可得。於是，ROVER在原代理商內部無法協調的情況下，終於也步入喜悅汽車後塵，被調換代理，其間轉折的過程自是言人人殊；舊有的經銷系統內就傳出許多不能平衡的說法。

在舊代理商手中，ROVER曾有一年售出四二八〇輛車的紀錄。雖然對任何一個車廠來說，最重要的仍然是以數量爲第一，但良好的客戶關係才是致勝的不二法門，否則會有賣出大量商品，最後竟不得不和老搭檔分手的。

事實上，ROVER遭遇到的問題遠比其他歐洲廠牌更爲嚴重。八〇年代末期，我國領先歐洲進入環保圈，要求所有進口車須符合美國等四個國家的廢氣排放標準方可在台銷售，大部分的歐洲廠牌，包括前述的喜悅汽車、飛雅特汽車及法國車，全部都籠罩在這個暴風範圍內；九二年歐洲共同市場剛實施的低一級污染標準，使大部分歐洲車廠應變不及、自亂陣腳而全面潰敗。

對ROVER來說，其八九年的品牌升級運動，台灣地區的消費者不僅一無所悉，在車壇更是一個陌生者，陌生者要成爲貴族，豈只是相當不容易的事而已？義大利ALFA ROMEO車廠曾經何等風光，但一度變成國營，甚至回過頭來與日本的日產汽車合作，生產更小的車子；在台灣，ALFA ROMEO年銷售量也曾達二〇〇〇輛之數，可惜一直無法突破售後服務問題；而該廠牌一度領先銷售的雙門小跑車SPRINT，竟意外地給人「小流氓車」的印象，使這個高品味的廠牌形象受挫。由此可知，成爲人們心中指名購買的品牌不是件容易的事，而企圖改變事實認知又需要有多大的能耐與作爲？這現象在ROVER必然更苦，因爲消費者不認識它。

我們可以美國通用的釷星（SATURN）爲例，其產品經理初期就一廂情願地想大搞一場，掀起國內繼喜悅、飛雅特之後的另一波大浪，計畫第一個半年暖身三○○○輛，第二年搞它兩萬輛，第三年發揚光大弄它個四萬輛。結果這個雄心被美國人自己設計的一套「SALES PER OUTLET」（據點平均銷售量）所騙，以爲一個據點賣二○○輛，五十個點就可以賣一萬輛，用最簡單的乘法、加法去算出可能的銷售量。其實當時釷星在市場上毫無品牌地位，光有通路也是無濟於事的，ROVER亦然。

除了市場認知度低之外，ROVER和許多歐洲車廠一樣，售後服務與零件價格也是弱勢所在。因此，代理易換難爲。一紙合約在大集團的支援下其實簡單無比，真本事是在經營能力的展現。當然，經營不只是豐田在台投資三五○億一種模式而已，代理商必須確實瞭解問題癥結，並且對症下猛藥！爲什麼說要下「猛藥」？因爲市場競爭激烈，消費者不可能有時間等候廠商，正如戰場上沒有等待傷兵復原的時間。汽車業早已不再是只靠推銷員就可以賣出商品的了，必須要出奇致勝，於短期內建立强力的行銷網打開知名度，同時每個人都得能征善戰，才能夠在市場肉搏戰中獲勝。

事實上，ROVER車系相當完整，除了最小的MINI可用特殊行銷管道處理外，還有一〇〇系列（即過去曾經進口的METRO小車），一九九五年底也可能有新型車問世；其引擎有一一〇〇C.C.～一四〇〇C.C.，造型則有三門及五門設計。ROVER二〇〇系列，是本田CIVIC的英國版，造型有三門、五門、雙門跑車型與敞篷式，引擎自一四〇〇C.C.～二〇〇〇C.C.的渦輪增壓型等。四〇〇型則是典型的CIVIC三廂式轎車，動力配置與二〇〇系列相同，雖然略近CIVIC老型，外觀仍能討喜，而二〇〇、四〇〇系列都可能在九五年底出現新款式。六〇〇系列則是以本田ACCORD爲基礎的英國風味轎車，九三年才剛推出，九五年型加入二〇〇〇C.C.渦輪式二百匹馬力者，產品力甚强。最大型的是旗艦級八〇〇型，有四門、五門及雙門式，是本田前一代LEGEND底盤，最大引擎爲二七〇〇C.C.改良的本田引擎，配備相當豪華。基本上ROVER可說是產品級距非常完整的一個廠牌，加上LAND ROVER的四乘四系列越野車，係全球車壇數一數二的越野車種，其RANGE ROVER更有「四乘四中的ROLLS ROYCE」美譽；DEFENDER車系則是各國軍用車輛的主角之一。就台灣市場的品牌背景來分析，ROVER有日本本田的底子，雖然在九四年被BMW購併，卻未必是件壞事，而且其車廠有銷美經驗，對向來以美國馬首是瞻的我國政策比較不陌生，市場機會遠比喜悅汽車看好。

專業經營才能掌握客戶心

整體而言，JAGUAR代理權從六〇年代的鴻璋汽車至七〇年代的國泰汽車，再到三信商事與現今的台灣捷豹，品牌名稱也棄積架改捷豹，相信JAGUAR車主最能夠體會箇中的複雜滋味。SEAT當初在台灣盛極一時，連西班牙原廠都頗感意外，甚且在台灣造就了一些英雄人物。從喜悅到西雅，市場情勢變化莫測，不變的其實就是如何抓住客戶的心、使得客戶滿意的原則。

ROVER的情形也是一樣，從禮蘭、奧斯丁到路寶、路華，多少人在乎車名叫什麼，賣車人與買車人唯一的共同點只有在彼此對味的時候才會出現，否則雙方永遠是對立而充滿疑慮的，因爲利益點在兩方共同接受一項東西之前本就不同，何況進口廠牌身上背負著複雜的歷史包袱時，焦點的找尋成爲十分重要的前提。

一個頗爲有趣的現象是，JAGUAR和ROVER在八〇年代前同屬英國禮蘭汽車集團，這個集團充分地反映出英國民主政治的現象。工黨執政時，禮蘭汽車是國營事業，有全世界國營企業的通病，缺乏效率、品質不佳，代理商亦無能爲力。電影中的英國情報工作縝密精確，原想商業合作應有一定的水準，孰料其商業情報未如預期，因此在台代理商表現不及水平，值得玩味。

以國外廠商的實際品牌分布來看，SEAT、ROVER、JAGUAR正好是階梯式的級距，在台灣也都更換過代理商，表面上其代理權變化的因素是數量未達原廠要求、售後投資落後或企業識別（CI）不合等，但背後所代表的意義是專業經理人難產、銷售者不夠專業，還是整個行業的表現不佳？消費者在購買進口汽車和散裝組件裝配的台裝車時，究竟可以期盼什麼樣的服務品質呢？嚴格說來，今天在台灣我們可能還真找不到真正合格的汽車經營者呢！消費者信心又將如何建立？

九〇年代台灣車壇展開的汽車代理權爭奪戰，最近的至今也已有一年半以上，其間展現出的特殊意義，或許能夠在台灣豐田汽車找到。面臨日益嚴酷的競爭情勢，不論車廠或代理商都愈來愈不能混水摸魚，也不會有僥倖過關的經營方式，若存此心態，遭原廠撤換代理權之事仍會發生。對買車人而言，在一個公平的經營環境下，「下一次買車會更好」是可以期待的。

思考空間

● 台灣汽車市場在世界上佔有一席之地，這項訊息對買車人有何意義？
● 汽車代理權在什麼樣的情況下會被撤換掉？
● 有人認爲日本廠商重信用，不會換代理商，歐美則不然，你覺得此一說法如何？
● 如果你是車主，代理商更換後，你可以向誰主張權益？
● 你認爲政府應該立法規定新代理商必須對舊客戶負道義上的責任嗎？
● 就台灣車壇現況來說，你覺得哪幾個品牌的代理權可能不保？
● 以汽車這個行業而言，經營一個代理權，至少需懂得哪些事物？
● 你認爲台灣的教育體系中是否應該加强「汽車系」這樣的科別？
● 汽車常常是被修壞的，你相信嗎？你認爲什麼樣的修理廠比較有保障？
● 你覺得台灣需要有汽車消費者協會來秉公擔任代言人嗎？
● 喜悅改名「西雅」，對其銷售有幫助嗎？
● 如果請你評比，JAGUAR、SEAT、ROVER的原代理商和新代理商各可得幾分？

●同屬英國的 JAGUAR 和 ROVER 在台灣都更換過代理商，你認爲這項訊息有何特別意義？

第七章

環保與耗能的新遊戲時代

在「坦克大決戰」、「諾曼第登陸」、「北非諜影」等電影的情節鋪陳中，我們不難感受到在戰爭中蒐集各種情報的重要性。做為汽車經營者或銷售者，也不能不掌握各種相關資訊和法規，好制敵機先，而不致遇險陣亡。

在台灣，汽車這個行業的「奶媽」相當多。一輛車在上市之前，要過五關、斬六將。首先是環保署，政府規定在台灣賣的新車一律要符合我國的空氣污染標準，這個標準基本上是抄襲自美國、德國、瑞士和瑞典四國。也就是說，汽車在販售之前，一定要先申請到上面四個國家之中任何一個的證明文件和排放廢氣的文書資料，而且最好是瑞典的，因為幾乎和我國的標準一模一樣；然後廠商得把各車系數百頁污染的相關文件翻譯成中文，外加車輛的修護手册、車主使用說明等等才能送檢。在國外，這是公開的資訊，可方便研究單位或保養技師參考使用，但國內目前則一律封箱存檔。不過，在這些國家，那些銷售數量極小的車子可以特別申請，不必受此約束；台灣卻不然，所有新車上市都需經過這個環保關卡。

「偉大」的能源法

其次是獨一無二的「車輛耗能標準」，要求汽車依車重分級，每公升至少須行駛若干里程，否則不准銷售掛牌。此一堪稱全球最霸道、最無常識的法令及進口障礙，全世界只有另一個國家有同性質的規定，那就是美國。但是美國的作法較合乎邏輯，係針對整個公司的車輛進行平均耗能調查，如果超出國家標準，那麼就會有一部分的車子要付「能耗稅」。其實這個辦法有一點像是幫助日本車制定的，因爲七〇年代及八〇年代曾發生能源危機，美國開始採取這些措施，要求車廠研究較省油的車子。而當年的日本小車實在是「過分的」省油，有些平均耗油達每加崙五〇英里，超出早期的二二英里太多。像本田，正好趁機製造省油大車ACURA到美國賣，成就令豐田和日產眼紅不已，想不到在日本被當成摩托車廠水準的本田，竟然可以在美國大賣高級轎車。因此，豐田和日產聯袂在美國汽車首都底特律，發表新的大車LEXUS和INFINITI，不但給美國人臉色，更在這個第三國正面挑戰歐洲高級車。十幾年下來，油耗標準一直使得美國三大車廠頭疼不已，最後甚至指控油公司煉不出好油；美國當局也不得不放慢腳步，延緩能耗標準值的上升趨勢。科技高如美國者亦不得不如此，我們卻不然。

台灣因資源缺乏，能源更是仰賴進口，所以法令也不落人後。立法院在一九七九年通過「能源管理法」，對油電作了一些原則性的限制，其中第十五條則清清楚楚地規定能耗不符標準的交通工具，不得製造或銷售。只是，當年並沒有限定標準，經濟部「能源委員會」很聰明地把標準訂定的生殺大權，操控在自己人手裡，只要立法院替他們背書即可，不再使立法委員搶去大權。

這項標準於一九七八年提出，直到八八年才開始實施，比原始辦法的通過整整慢了八年以上。巧合的是，施行時機正好在喜悅汽車與飛雅特汽車事件之後，祭出「耗能標準」對這些小車固然没有太大用處，但可以「擾民」一下，殺殺銳氣，明顯可見利益團體運作的痕跡。

到一九九四年爲止，「耗能標準」已堂堂進入第三期，其標準如下表所示。

能耗管制的吊詭

台灣的耗能標準可說是破天荒的，不但全球各大工業國無法望其項背，更將爲各大車廠所「懾服」。但是我們不得不說，如果台灣想繼續生存在這個世界上，就必須自重。自重的意義，就是不能閉門造車。我國能源短缺是事實，但不是只有台灣面臨這個問題，因此，訂定遊戲規則並不是自己高興就好，至少要有常識。我國交通惡化所導致的能源浪費，連高中生都知道，核四勢在必行，也是長期以來國家建設未能依據台灣現實所造成的無奈，難道每件事都必須弄到這樣的地步嗎？

其第三期的測試值公式是：

車輛淨重（公斤）		每公升汽油應行駛公里數		
第一、二期	第三期	第一期	第二期	第三期
1988.01.01～	1992.01.01～	1988.01.01～	1989.07.01～	1992.01.01～
1020以下	1046以下	11.30	13.50	14.70
1021～1250	1046～1276	9.20	10.90	12.00
1251～1470	1276～1496	7.80	9.10	10.10
1471～1700	1096～1726	6.70	7.80	8.70
1701～1930	1726～1956	6.00	6.80	7.70
1931～2150	1956～2176	5.30	6.10	6.90
2151以上	2176以上	4.00	4.90	5.30

$$\frac{1}{0.55/評值+0.45/高速公路值}$$

「耗能標準」所顯示的，幾乎可說是「夜郎自大」與「閉門造車」的綜合體。首先是車重標準等級的訂定標準是什麼？它是歐洲進行污染管制的一個數值，在油耗標準上只作商業行為的參考值。其次，油耗是個人消費行為，一個開勞斯萊斯的人，因爲車子夠大夠重，只要通過一公升五．三公里便可以買賣，另一部窮人開的小迷你車可能不幸只跑十四公里，車重又只達九〇〇公斤，所以不可以買賣，道理何在？

因爲這一項耗能標準，已有若干全球車廠引爲標竿的車壇大老級車種無法在國內銷售，雖然那可能每年只有個位數的銷售量，對台灣的能源管制根本毫無意義，只是引來罵名，並影響了自由貿易的精神。

測試能耗辛酸滿腹

其實，沒有人會反對依照這樣的標準去課稅，但絕非一味禁售，只可惜官員不同意。然而，有人就大大方方利用自備外匯進口這些車，不必受任何約束。這是經濟部能源委員會的關卡。當車子還不能賣或買之際，已經是費九牛二虎之力了。

代理商售車前，作業上要通過污染、能耗兩關，還得先去排隊接受測試。第一個項目是阻風系數，這系數按理要在風洞裡測得。有了這個數值之後，才可以進行真正需要的「油耗」、「污染」、「噪音」等測試。在我國，財團法人工業技術研究院機械所在過去幾年內是唯一合法的代測單位，但是，目前還沒有這樣昂貴的設備，一直以來只能向空軍借用桃園懷生機場進行測試作業，一個星期只有週二或週五兩天可以使用，而且這個機場偏又不上道，清晨老是因爲溫差致使風速轉強，一旦風速超過每秒五公尺就不能當準，因此有些倒楣的車商就得多跑幾次，當然是不可以抱怨，以免被報復。

這些現實問題，都不是目前執行測試工作者所能掌握的，因爲他們只是受委託的單位，即使收費昂貴（每個車型測試完成至少需八萬元），廠商也沒話説，問題是出在訂定法令的經濟部和環保署。

另外，環保署還有一項「噪音管制標準」，限制汽機車靜止與加速時的噪音音量。最奇怪的是，一樣進行測試，卻把噪音這一項交由另外一家公司統包統測，其中玄虛，耐人尋味。

環保署的功能，以今天的標準來看，應該要改制爲「環境及能源部」才比較符合實際。但是，也該裁撤若干疊床架屋的機構，否則像現在天天想要有所建樹，只好不斷絞盡腦汁設計標準，於是各種苛政標準，幾乎可以隨時提高一下，反正懂科技的立委就算是有，也不會反對好像可以改善空氣品質的法令。至於生意人，誰敢説話？尤其在「我們只有一個地球、一個台灣」的口號下。因此，雖然已到了近乎苛政的境界，執行業務的中產階級大不了移民國外；而股票上市公司的大爺們，倒也能夠隨遇而安，反正已不再是自有資金在拚鬥。

新遊戲時代

汽車業自裕隆起，算是生不逢辰，水泥、石化、電腦、鋼鐵等產業則幸運一些，到如今非建核四不可，因爲工業用電吃掉七〇％，而工業中的鋼鐵必須完全靠買廢鐵進來，對環境將造成相當的污染，環保署能對經濟部講什麼呢？事實上，今天的台灣，整個國家建設完全落入經濟部主導的小圈圈裡，好像除去經濟部，台灣就會垮了一樣，非常離譜。於是一個「工業局」主宰台灣全部的工業發展政策，一個「組」決定台灣所有上天下地的運輸工業政策，而主導者也許只是一個極專業的材料科學博士。他可以不必是通才，甚至不食人間煙火，但他的一個決策，不但不能幫助企業提升競爭力，反而充滿控管心態，令人不能無憾。

正因爲這樣的背景，台灣汽車工業才會有全球唯一的車輛耗能標準。已有愈來愈多搶著要分享測試大餅的單位，這些單位，個個是政府拿納稅人的錢所設立的財團法人，向已納稅的受測者收取費用後，再轉嫁到已納稅的消費者身上，這是一套什麼樣的新遊戲時代規則！因爲要這樣玩，所以不能讓真正有心的廠商自行研究開發，以免給予獎勵或減去合理的稅。這就是工研院一年一五〇億經費的需求來源，也是無止境的「行政院科技基金」去化之處。官逼民出走，一點都不過份，是有意？是故意？還是巧合？而「國安會」也不懂工業、不懂科技，所以哪一天發生科技賣國的事情也就毫不稀奇了。

台灣的汽車工業其實早就已經被賣掉了。我們不但只剩下裝配工業，連最新的共同引擎，也是官方「總得做一兩個東西」心態下的產物，雖然明知這對汽車工業毫無助益，而且會搞掉好幾億納稅人的錢。這些官大爺根本不知道汽車工業不是汽車引擎工業，製造出引擎要賣給誰？沒有整車工業就不可能弄好零組件工業，我們卻一再地自欺欺人。

汽車萬萬稅

接下來，汽車還得讓財政部課一些稅，關稅、貨物稅、牌照稅、燃料稅……數不清萬萬稅，討論是否合理真的談不完。

像關稅，與國際貿易自由化有關，因此未來應會調降，九五年也許就會從三〇%降爲二五%。貨物稅目前以三段式徵收，基本上沒什麼大問題。但是這邊財政部收稅，那邊經濟部能源委員會訂個規則，規定通過測試標準後才准上市；如果沒通過，也不退貨物稅，弄得外國人覺得好笑：一是認爲財政部要錢不要臉（外國人哪裡知道這歸屬於兩個不同單位在管）；一是覺得財政部想要錢又不學無術。全世界都知道，用油花錢乃個人的事，且大可以價制量，拿大帽子說國家能源短缺是極膚淺的，好比電廠爲何不讓民間興建？汽油爲什麼不開放進口？政治解嚴是真，但工商企業卻仍在心態封閉的官員掌控之中，著實令人費解。

事實上，貨物稅之所以用引擎容積作爲基礎，當然是基於小引擎比較不消耗能源的考量，如今能委會硬插一腳，並且設下陷阱，讓財政部背黑鍋。如果以能委會的標準來建議財政部課稅，如此寓禁於徵，不但國際不會恥笑，也不會有人作弊，只是功勞就不記在能委會，升官少了一筆功勳，這是我國官僚體系的悲哀。

在稅上動腦筋是財政部的專長，可惜常作「割股療親」之舉。最新的牌照稅就是一例。新法讓八〇〇萬輛摩托車免稅（因爲很多機車積欠稅款，追繳困難、積案難了），於是把腦筋動到大西西數的小汽車身上。這是最典型的「蕭規曹隨」，這種一律以引擎大小來課稅的觀念，是極落伍的認知，對這種五〇年代的日本標準，美國人早已恨之入骨。此番美國國務卿不理國會的對台外交政策，多少也受到在台美商的商情反應所影響。我國很多規則根本是日本派，當然使中日貿易逆差永遠無藥可醫，當局更被肯定爲親日派。牌照稅亦是一例，受測資料應公布才合理。

能委會若要真正做事而非只圖官位，大可將這麼多年來商家們花了上億經費受測所得的寶貴資料，加以整理歸納，提出一套引擎大小不一定跟耗油成正比的數字出來，給業者作爲研究的參考，如此不但不會白白浪費業者數千萬元的測試費用，還真有一點科技價值與工業發展參考的功能呢！或者，至少不會有當年蕭萬長部長棄省油的三三〇〇C.C.通用車不用，卻改用更耗油的三〇〇〇C.C.裕隆車的笑話。

不諳航道的人掌舵，是台灣現階段最大的悲情。光是汽車產業就說不完。像燃料稅也是一樁，總是要把似是而非、卻又令人啼笑皆非的理由拿來作決策的依據，令人不平。燃料稅如果隨油徵收，計程車會吃不消嗎？其實那才能反映真正的成本。計程車該調價還是得調，不能怕私油氾濫，或擔心中油的真正成本曝光，而不肯隨油徵收。其實，這無疑又出現中油公司要賣油賺錢（多賣多賺）、能委會要表功設圈套（不准耗油）的政策矛盾了。煉油廠都已經開放了，還在管制汽油的進口，能不令人擲筆三嘆？

交通政策成爲誤國之路

再者就是交通部，車子控管的單位之多、法令之雜，難怪汽車發展變成一條誤國之路。人類自汽車發明以來，大概就只有台灣和泰國的曼谷不但未享受這個文明的好處，反而深受其害。

以台北市而言，如今的市區行車速率，大約只有每小時十公里左右，耗油之多，就算有二十個能源委員會也於事無補。而在交通部，有一個單位叫「交通運輸研究所」，研究出台北的公車是唯一可以左轉的，而且可以內側行車靠站；然後又有荒謬的「中正機場計程車辦法」，弄得排班司機只有漫天喊價。同時，交通部也規定，計程車行要有停車場。這辦法早在七〇年代就已訂定，卻沒有人落實執行，以致人人違法。再者是控制牌照的發放，加上個人車行的設立門檻又高，使良法形同虛設。

許多年前，筆者曾經建議一家公司設立基金會，主要功能設定在改善交通這個焦點上。例如針對台北圓山地區進行交通改善的研究規畫，再定期與一報社聯合發表專論，作爲政府公共建設的參考。其目的之一，當然是提高汽車業的社會地位與形象；其二是，透過仔細調查的交通流量而計畫出來的交通網路，才是市民的真正需要，而不致於出現一座耗資上億元，卻只是官府專用的中山二橋；另外，也能對照出決策品質的良莠之別。台北市因爲車輛太多造成交通不便，理應多設計一些單行道，使平面使用長度加長，提供更多同一時間內的平面移動車口數。但是因相關單位草率行事，沒有精確地計算動向變化下的真正需求，而隨意變更，迎合短期的捷運黑暗期，不但未能藉機改善規畫路線，還引起更多民怨，以致改道一下又恢復，自亂交通，其實並非事不可爲。

追根究柢，許多問題都是從「小台灣、大中國」架構衍生出來的。一個中央政府制定一大堆中國要用的東西，一個省政府加上兩個市政府執行這些政令，真是一島三制，將來若真的搞「一國兩制」，誰怕誰呢？交通部也管馬路，因此管到車輛檢驗的燙手工作。至於道路的修補維護和闢建亦屬交通部的系統，但不在中央而在地方，台灣省是省交通處公路局，在北、高兩市是市政府交通局，這三個單位之下又各有監理所或監理處，負責車輛的定期檢驗。當然，監理單位也管駕駛人。

汽車業公婆多

事情發展至此，我們已經知道，有關汽車的管理單位有：㈠經濟部工業局，控管一切生產政策；㈡國貿局，掌握進口業務；㈢能源委員會，主導油耗標準；㈣披著財團法人外衣的工研院機械所，主持噪音之外各種測試工作；㈤環保署空保處，掌管汽車的排放標準和噪音標準，實際測試同樣委託工研院，不過未來可能被「財團法人汽車測試中心」取代或分業掉；㈥財政部，海關控制進口稅負稽徵，保險司管汽車險、強制險等，另外還有制定關稅、貨物稅及各種燃料稅、牌照稅等的研究單位；㈦交通部，管車輛檢驗、交通規則。單是中央就有四個部級單位在左右汽車的命運。而我們也應該把內政部列爲第八，因爲警政署必須管到汽車及其駕駛人。所以汽車業者要在此地生存，本就是一件非常不容易的事。一個汽車從業人員必須對整個業務內容稍加瞭解，否則很難進入狀況，經營者尤需有全盤的認知，否則也無從訓練自己的部屬。

其實，中國大陸曾經有一個交通主管部門「運輸及工業部」，現稱爲「機電部」，統籌整個運輸系統及其工業發展的相關事宜，事實上是相當科學而智慧的設計。如果我們變更現在的環保署，讓它成爲國家資源管理的總部，統管油、電、水等，再根據國家長期發展所需來編列計畫，不但不會像現在，經濟部決定發展重化、鋼鐵等高耗能工業，然後又決定蓋核能發電廠來應付需求，再全部都丟給立法院把關。這是國家經理機構的矛盾，但是行政院的改組相當困難，因爲首先得搞好利益分配。問題是，國家這樣經營下去，再多的外匯存底也是沒用。汽車畢竟關係到太多、太多的事物了，更是國家發展不能等閒視之的一環。

看看南韓想想自己

南韓七〇年代的高速公路計畫，曾經被台灣的「專家」們取笑，今天看來，人家是高瞻遠矚，我們的捷運則成爲「劫運」，其中又學到什麼呢？南韓可以出口整車到台灣，也可以出口整部散裝的車子到台灣裝配，我們美其名想出口零件給他們，卻什麼也沒撈到，這不是無知就是放水。官方給南韓的印象不只如此。大型的招標案，公然要回扣的比比皆是，不知南韓的商業情報兼有日本商社的國家情報之用；加上民間企業各種勾當，毫不忌諱地展露出來，被南韓政府看扁，斷交根本是必然，還落得沒有任何自尊可言，最是讓人喪氣。今天的南韓車已能自己設計、生產、出口，內銷量更已達一年一五〇萬輛左右，未來的競爭力相當可觀。

反觀台灣，中共在大中原統治者的心態下，四十多年後的今天，仍非認定台灣爲其一省不可，處處打壓，加上許多人士的隔海唱和，台灣根本不可能有一個合理的國際人格與大陸合作。如今兩岸的墮落已聯手把全球競爭者愈養愈大，實在也是二十一世紀前的另一個「中國笑譚」了。

總之，在現今這樣的遊戲規則下，有政商關係的業者自然能游刃有餘，等而下之者至少要知道一些必備的專業知識，否則勢必愈來愈難立足。這其中包括了台灣加入GATT之後所可能引發的效應，强勢品牌不見得是永遠的贏家，更何況世界也是不斷在變的。

廢棄汽機車回收外一章

就在本書付印之前，和汽車相關的規則又多出一條：「廢棄車輛回收基金」。也就是說，現在每賣一輛汽車，賣車公司必須繳交三〇〇〇元（機車爲七〇〇元）給環保署所主導設立的基金會。這個名爲「一般廢棄物回收清除處理基金會」的單位，每年估計可以收到二十五億元。

基金會表示，回收基金的支出費用包括五％的營業稅、一〇％的教育宣傳費用及七%的業務費用；另外爲了鼓勵廢車回收，若車主自行將廢車送至指定場所，可領到獎金二〇〇〇元，若由基金會代爲拖吊，獎金減爲一〇〇〇或一五〇〇元。

無論如何，這項辦法的真正意義就是，從此新車漲價三〇〇〇元是跑不掉的。而不論這筆錢是轉嫁到購車人或賣車公司身上，重要的是，廢車回收應如何進行才有效？

類似的基金會還有廢電池回收基金、廢輪胎回收基金，但其作法事實上仍然像過去沒有這些回收辦法一樣，毫無實質作用，只是多出一個基金會開會而已，如果真的要做事，並不是設個基金會那麼簡單。

以廢棄車而言，車輛一旦賣出，什麼時候會報廢？可能已經是十年、八年之後了，這一筆錢卻由廠商先行代繳，對强勢銷售品牌來說，轉嫁毫無問題，而弱勢品牌恐怕就是兇多吉少，找不到可以轉嫁的空間，因爲連賣車都困難重重，豈有本事漲價？

汽車業早就有輪胎、電池兩會在收費，如今又多出整車回收費用一項，爲何不仿效二十年前收購三輪車的方法，領用牌照時一併代收？同樣是購車人負擔，國庫並無損失，且符合公平原則。

廢棄車輛的區分，可分爲三段式處理，一是車禍毀損者。在現有保險制度裡，通常會直接與客戶及修車廠議妥理賠，再交給修車廠分解或拆二合一，把不堪用的部品取下再生；可以併爲一輛者，就設法再生二手車，否則就是只留下堪用零件。這是一項相當專業的汽車翻修與再生，目前最大的問題是沒有適合的場地可供使用，有關單位也還沒有提出獎勵或合宜的辦法來。事實上，目前已自成一套作業系統，官方應做的是設法擴大功能，如今卻自己進場遊戲，先立了法，再弄出一個財團法人自己玩。

其二，流入廢車廠的老舊車輛。其中部分是保留爲堪用零件取用者，其實也是一項財源收入，最需要的則是足夠、合法的場地。另外，取完剩餘價值的部件後的真正報廢品如何清除料理，已不堪再用的車體必須壓擠成型，減少空間佔用，都需要一大筆資金購入設備處理。如果官方在背後主導此事，難免有上下其手的機會，且沒有任何風險成本。

廢棄車的最後一種情形，等於是前面兩項的第三級，亦即車輛已完全不堪使用，需直接處理掉的。那些沒有再生價值的廢車，事實上是不可能自行開到指定地點去報廢的，在這種情形下，報廢獎勵等於虛設。

總之，我們實在不太能接受官方一再設計一些由立法院背書的母法，再自己堂而皇之的訂起實施細則搞鬼的作法；尤其設立財團法人，官員自己擔任裁判，拿立法院已通過的母法當尚方寶劍，集立法、執法、司法於一身，等於控制全部的產業生機，沒有任何商業經營的成本概念，置業者於水深火熱與自生自滅之地而無動於衷，豈是國家經營常軌？工業局長已經兼任十七、八個財團法人董監理事了，環保署想必不肯落人之後，此事國人宜有公評。

思考空間

● 汽車的環保標準在美國引發了「油的品質」問題，你認爲重要嗎？
● 如同電腦一般，垃圾進去、垃圾出來，不好的汽油能產生乾淨的廢氣嗎？
● 汽車所使用的油不完全相同，測試標準卻統一，你認爲合理嗎？
● 在經濟部自己立法又自己「玩法」的情況下，台灣的汽車工業還有前途嗎？
● 台灣究竟有沒有汽車工業？發展汽車工業重要嗎？
● 你贊成設立「運輸及工業部」，統籌台灣上天下海各樣運輸及其工業發展嗎？
● 你認爲「環境保護署」具有什麼功能？其層級應該提升爲「部」，以進一步掌控資源嗎？
● 汽車耗能標準完全以車重爲依據，你認爲合理嗎？
● 爲了發展汽車工業，不妨研發「自製引擎」，不必在乎是否有銷路，你認爲這樣恰當嗎？
● 依照引擎容積大小來課徵小客車的牌照稅，是否合理？
● 有些國家對舊車課徵極低的牌照稅，以造福二手車族，你認爲這種作法好嗎？

●爲淘汰老舊車輛，應如何訂定車齡年限的法規？
●如果以汽車佔用國土面積的外型大小來課徵牌照稅，是否比較合理？
●燃料稅不能隨油徵收，你認爲真正理由何在？
●機場的計程車無法以穩定的價錢載客，對國家形象的影響如何？
●在大都會區採行大量的右轉單行道，有助於交通順暢嗎？

第八章

世界變局與台灣車壇

一九九四年美國《Fortune》（財星雜誌）一再向企業界提出「新經濟時代」來臨的觀念，新經濟時代的主要特色即在「新服務觀」。

全球汽車品質升級

九四年七月下旬出版的《財星雜誌》「全球五百大企業排行」（Fortune Global 500），再一次以汽車這個行業爲例，說明今日汽車銷售人員早已脫胎換骨，和傳統的「賣車郎」大不相同。

首先，他們應自我升格爲問題的解決者，而非單純的賣車者；其次，他們自我評價的標準不再只是數量的創造者，更是客戶滿意的大使；第三，因爲這種轉變，汽車公司的老闆們已經開始改變業務人員的待遇模式，客戶滿意度成爲主要的參考指標；第四，銷售時必須加强實戰的磨鍊與堅毅態度。

在台灣，汽車業未來的處境只會更加嚴竣，但我們似乎看不到這樣的努力，也未見任何經營品質升級的動靜。在《財星雜誌》全球二十五大產業的統計分類裡，汽車業仍穩居第一，全世界四十三家汽車廠總產值高達九三一九億美元，佔各產業總產值的一七·二五%，如果我們把全球看成一個國家，便可想見汽車業在一個國家中應有或須扮演的地位和角色爲何了。然而，台灣的汽車業卻是畸形兒，有如呻吟在國家政策、產業型態、文化環境下的待罪羔羊。

汽車是一種新的產業，誕生不過一百多年，而百年來的中國卻經歷了不斷的內戰與外侮，如今，台灣難得有近半個世紀的安寧，更需要多倍於其他國家的努力，才能迎頭趕上。環顧全球車壇，各車廠無不全力進行全球策略整合運動，先從現今全球四十三大的表現談起。

有幾家車廠因歸類於其他產業，而未列於上述名單中，如英國的ROVER屬於英國航太（BRITISH AEROSPACE），總營收一六一億五九〇〇萬美元，全球排名第七十名，去年淨損三億二一〇〇萬美元。ROLLS ROYCE也被歸在航太事業裡，排名全球二八三，營收五二億八三〇〇萬美元，但汽車只賣出一千多輛，所佔比例甚低，全部盈餘爲九五〇〇萬美元。另外，南韓的大宇和雙龍分別列名於電器設備事業和石油業。大宇排名全球第三十三，也是南韓第二大集團，全年營收達三〇八億美元；世界排名第八十二的雙龍則在石油業位居十九，全年營收爲一四四億八〇〇〇萬美元。上述名單中汽車廠的規模都不是我們所能想像的，台灣唯一進榜的是中國石油，世界排名一八六，營收八一億六九〇〇萬美元，居石油業第二十九名，若與汽車產業相較，則介於南韓現代與美國ＴＲＷ之間，我們可以想像一下

■一九九四年《財星雜誌》「全球五〇〇大企業」汽車業概況

公司名稱	全球五〇〇大排名	九三年營收（百萬美元）	盈餘（百萬美元）	純益率	資本報酬率
通用（美）	1	一三三、六二二	二、四六六	二%	一%
福特（美）	2	一〇八、五二一	二、五二九	二%	一%
豐田（日）	5	八五、二八三	一、四七四	二%	二%
朋馳（德）	10	五九、一〇二	三六四	一%	一%
日產（日）	12	五三、七六〇	負八〇五	負一%	負一%
福斯（德）	18	四六、三一二	負一、二三二	負三%	負三%
克萊斯勒（美）	19	四三、六〇〇	負二、五五一	負六%	負六%
本田（日）	24	三五、七九八	二二〇	一%	一%
飛雅特（義）	26	三四、七〇七	一、一三四	三%	二%
雷諾（法）	35	二九、九七五	一八九	一%	一%
三菱（日）	41	二七、三一一	五二	〇%	〇%
標緻（法）	44	二五、六六九	負二四九	負一%	負一%

公司名稱	全球五〇〇大排名	九三年營收(百萬美元)	盈餘(百萬美元)	純益率	資本報酬率
馬自達(日)	57	二〇、二七九	負四五四	負二%	負三%
BOSCH(德)	59	一九、六三四	二五八	一%	二%
BMW(德)	64	一七、五四六	三一七	二%	二%
KOC(土耳其)	84	一四、四〇九	七〇七	五%	一九%
富豪(瑞典)	89	一四、二七二	負四四五	負三%	負三%
五十鈴(日)	98	一三、七三一	負三八	〇%	〇%
日本電裝	106	一二、八三五	二四五	二%	二%
MAN(德)	112	一二、一〇六	一四二	一%	一%
鈴木(日)	125	一一、三七一	一四一	一%	二%
富士重工(日)	159	九、四一四	負二三六	負三%	負三%
現代(南韓)	161	九、二〇四	七五	一%	一%
TRW(美)	194	七、九四八	一九五	二%	四%
大發(日)	206	七、五六八	負九	〇%	〇%

公司名稱	全球五〇〇大排名	九三年營收（百萬美元）	盈餘（百萬美元）	純益率	資本報酬率
愛新精機（日）	211	七、二九四	八三	一%	一%
山葉（日）	249	六、〇五〇	二四	〇%	〇%
DANA（美）	272	五、四六〇	八〇	一%	二%
起亞（南韓）	288	五、一〇五	二三	〇%	〇%
日野（日）	296	四、九六三	二四	〇%	一%
豐田車體（日）	297	四、九一二	二〇	〇%	一%
NAVISTAR（美）	310	四、六九四	負五一〇	負一一%	負一〇%
豐田織布	316	四、五九七	九九	二%	三%
EATON（美）	330	四、四〇一	一七三	四%	五%
LUCAS（英）	380	三、八六四	三九	一%	一%
日產車體	390	三、六七六	一四	〇%	一%
VALEO（法）	397	三、五七二	一四二	三%	四%
INVESTOR（瑞典）	400	三、五五一	六一	二%	一%

公司名稱	全球五〇〇大排名	九三年營收（百萬美元）	盈餘（百萬美元）	純益率	資本報酬率
關東車體（日）	409	三、四七四	七	〇%	〇%
PACCAR（美）	419	三、三七九	一四二	四%	四%
ZF（德）	437	三、一六七	三四	一%	一%
GKN（英）	460	三、〇三七	五八	二%	二%
愛知機械（日）	498	二、七七五	一一	〇%	〇%
總計		九三一、九三一	五、〇〇三		
中間值		九、四一四	六一	一%	一%

那是多大的汽車集團？

這份名單裡少數品牌沒有出現，是因爲該品牌係車種品牌，而非公司名稱之故，如法國的CITROEN爲PEUGEOT（標緻）集團旗下。像瑞典SAAB－SCANIA的SAAB轎車部門，五、六年前已與美國通用合資，基本上已經隸屬通用集團（其最新的九〇〇型就是運用OPEL廠的VECTRA車系底盤製造出來的），所以名單中沒有OPEL和SAAB。另外，英國的OPEL雙生車廠

VAUXHALL也未列名，當然更看不到美國本土的幾個車名了。「品牌形象」和「公司形象」是不同的，許多人不知如何區別，造成印象重疊甚至混淆，車商也因而無法跳出經營的困境，十分可惜，也十分可笑。

美國三大爭霸

今天，汽車產業對全球經濟影響力的重要性已不如七〇年代，進入九〇年代後汽車業的幾次大整合運動，事實上都是各個企業爲即將來臨的二十一世紀所做的準備動作，因此美國的汽車業分析師會拿歐洲VW、美國GM、日本TOYOTA三家車廠作爲代表，談他們如何進入下一世紀的戰場。除了這三家車廠，世局其實也天天在變化，以五〇〇大汽車族羣來看，美國三大之一的克萊斯勒（另外兩個是通用和福特）雖然在八〇年代的小型化運動中捷足先登（最近的小車如NEON與九五年的CIRRUS好像很對台灣地區的胃口，因爲台灣是以引擎容積作爲車輛一切稅源的基礎，因此克萊斯勒佔盡便宜），但這只是表象的區域暫時領先，在美國本土市場，通用和福特這兩個超級巨人開始自省式的改革後，相形之下，克萊斯勒和兩大車廠的落差已經迅速擴大。台塑集團的南亞公司有意進軍汽車業時，克萊斯勒總廠表現得很積極，就充分顯示出其危機意識相當高。如果此案能成，將是克萊斯勒進入二十一世紀的關鍵動作。

以克萊斯勒的經營地圖來說，歐洲只賣了幾萬輛車，中國大陸也只裝配越野車，且數量有限，不足以穩定全球市場，如果有一個大型的台灣版亞洲計畫，不但是台灣唯一有理由再增設新汽車廠的因素，也是南亞會想要的企圖。如此若能拍板定案，必然是一個亞洲計畫才能成事的。但是問題出在據説尚能符合台灣市場的最新NEON二〇〇〇C.C.上，其車型要大不大、要小不小，對台灣市場而言，幾千輛的年銷售數字已算不錯，改爲台灣裝配產製，數量上並不樂觀，售價也不會理想，同時盡失技術轉移的意義。再者，就東南亞乃至整個亞洲來説，除了中國大陸這塊大餅，右方向盤市場如泰國、印尼、馬來西亞、香港、新加坡等，都不是能夠輕易打入的地區，如果没有台灣市場的支撐，外銷談何容易，南韓經驗即是一例。克萊斯勒在天時、地利的配合上實在不太理想，因此其全球競爭力在另兩個美國超大集團的競爭下很不樂觀。克萊斯勒雖然排名全球第七大汽車業，但在主戰場上遭遇的對手卻是世界第一和世界第二，戰事的艱困可以想見。

美國三大現象之後，日本是一個令車界頭痛的族類。除了豐田、日產、本田和三菱都相當强悍外，馬自達與福特的結盟力量也不弱，據説馬自達購自德國的「轉子引擎」九四年將有革命性的材料突破，果真如此，馬自達未來的發展將大爲改觀。至於其他日本小廠，該結盟的都已經結盟，上述五家車廠要再有巨大變化似已不易，倒是這些日本車廠毫不留情地向歐洲產品線進擊，並且在北美的實驗戰場獲得全面勝利，使歐洲車廠只能做捍衛本土的工作。這個教訓早在八〇年代義大利飛雅特及德國福斯退出美國市場時就應該警覺到。

歐陸列强各擅勝場

歐洲方面，德國朋馳的地位還算穩定，但日本大車的威力才剛開始而已，繼美國市場的變化之後，接下來上演的是歐陸的日德大戰。

ＢＭＷ和朋馳同屬一個競爭圈，其經營者非常有智慧地在九四年初買下英國航太旗下的ROVER GROUP，藉此吃下英國一大片市場，同時使自己的產品線一口氣多出前輪傳動系列及越野車界素享盛名的LAND ROVER品牌，難怪法國標緻集團的總裁都不禁稱讚這是「非常智慧的動作」。因爲這個購併案，ＢＭＷ變成年銷量達百萬輛規模的大廠，且其產品涵蓋面强過ＶＷ集團，加上有一個大而現成的市場支撐，比當年ＶＷ買西班牙ＳＥＡＴ與捷克SKODA划算太多了。

至於德國ＶＷ集團，在台灣地位一直不穩的ＡＵＤＩ在德國正是朋馳與ＢＭＷ的勁敵。九五年ＡＵＤＩ進行全面改碼的動作，將旗下車系以「Ａ」計畫的代碼區分，最頂級車系爲A8，再來是A6、A4與A2等；跑車部分則延用「S」代號。AUDI最新型的A8四二〇〇C.C.級四輪傳動轎車，甫問世就令豪華車市場震驚，鋁製車身質輕而堅固，加上性能出衆，在歐洲數强中仍能傲視同儕。

就整個VW集團來說，德國本土的戰爭最大、也最爲激烈，海外則有中國大陸兩家轎車廠及台灣一個商用客車廠，並且有一些策略聯盟的合作關係；西班牙的SEAT汽車與捷克SKODA目前都有待努力。近年來原VW總裁HANS退休後所引發的「羅培茲效應」（註：VW挖角通用羅培茲的產業間諜疑案），對VW集團似乎不是件好事，尤其與VW競爭最爲激烈的德國境內的OPEL，是通用歐洲重鎮，福特也有亟待翻身的壓力，而這兩個品牌都直接和VW競爭。

德國是世界第三大汽車市場，競爭激烈自屬必然，目前仍以朋馳與BMW較穩，法國車如雷諾、標緻及義大利飛雅特也都使出渾身解數，全力奮戰；被BMW購併後的ROVER應會獲得新東家的大力協助，因BVW面臨的威脅日趨激烈，這可從市場上的銷售狀況看出。值得注意的是，日本豐田、日產、馬自達、三菱與本田在歐洲表現都不錯，雖然日圓升值使日本車競爭力略降，但假以時日，歐洲還是要靠設限來阻擋日本車的，現在日本車廠賣進歐洲的車種只是少數幾款而已。

義大利境內飛雅特獨大

在法國，如果國營的RENAULT與PSA集團旗下的標緻和雪鐵龍抵制日本車成功，市場壓力會稍微減輕，但事業經營本就永無寧日，市場的競爭永遠存在，商品也没有永遠的贏家。目前在台灣態勢不好的法國車系，在法國本土還是非常强大的，所以知道各家背景强弱是品牌經營者必備的基本條件，同時更需瞭解造成台灣市場錯誤認知的原因，給消費者正確認識的機會，進而重新塑造品牌印象。

法國車壇係兩强競爭，義大利則是飛雅特集團一枝獨秀。很可惜的是，飛雅特在台灣一直給人廉價國民車的印象，絲毫未展現出集團的力量。事實上，飛雅特旗下現今已有FIAT、LANCIA、FERRARI、MASERATI等車種，最大股東Agnili家族大當家更有「THE KING OF ITALY」的名號，可見其影響力之大；有義大利本國市場支撐，飛雅特集團不致於没有明天的。幾年前歐陸汽車業人士甚至曾經預測，在未來的車廠整合運動中，英國汽車業會被其他車廠購併，名單中便包括飛雅特集團，因此其實力應該頗爲可觀，更是預測中歐洲車壇二十一世紀僅存的六大集團之一。

幾年前在英國盛行的購併説，已實現的包括ASTON MARTIN、JAGUAR如今都是福特集團的一員；LOTUS被通用集團誤用幾年後又放出來，現歸於再生的義大利BUGATTI旗下；ROVER則在BMW的影子裡繼續和日本本田合作。因此，英國汽車業如今只剩下ROLLS ROYCE和TVR這樣的迷你車廠，年產一千輛左右，而ROLLS ROYCE很可能繼ROVER之後，也賣給BMW。此外，還有右方向盤的福特、英國版的標緻汽車以及名稱不同的通用VAUXHALL，產業情勢可說甚爲悽慘，右方向盤的盟主地位早就被日本取代。

如是觀之，世界車壇其實已經強弱立判了。在德國，MERCEDES-BENZ、BMW與VW三大集團之外，若通用的OPEL／VAUXHALL和福特於二十一世紀再不進行調整，與其他車廠的差距將更爲明顯。九五年起，福特將做全球策略的大調整，目的不外乎強化產品的競爭力。

瑞典的VOLVO自九二年起就試圖與法國RENAULT進一步合併，尋求下一世紀生存權，但因爲股東們與當時的董事長意見不合，使合併案於九四年初破裂。在台灣，VOLVO自七四年的美國規格保險桿建立安全形象，歷二十年不墜，銷售狀況直追德國雙B，實爲全球車壇的異數，如今正做全力奮戰的努力。

西班牙雖然有不小的汽車市場規模，但在歐洲列強環伺下，幾十年來也都停留在像台灣一樣代工裝配的處境，難以自主或真正自創品牌。SEAT已脫離FIA

T企圖自立，現在雖然仍隸屬德國VW集團，至少可走獨立品牌路線，問題就剩下是否具備國際行銷能力，這種考驗比自立品牌更爲艱難。以台灣的SEAT經驗來說，極盛時期沒有立好根基，埋下挫敗的種子又無力整合，改用新中文名稱的西雅汽車，其實已經回天乏術、地盤有限。就西班牙來看台灣，我們可以說良機盡失，年銷售量達百萬的西班牙現今不過五、六家車廠，而我們卻有十幾家，如何相比？

南韓力爭上游

南韓的現代集團於一九六三年進入汽車界，七一年的歐洲車展就擺出自己設計的車子，一開始就展現過人的雄心，同時也昭告世人，他們不僅要利，而且也要名，因爲汽車是最佳的國力宣傳工具。這是南韓人的企圖心。

正是因爲如此，和世界第一大車廠通用合作的大宇，在各出五〇%的情況下，依然想自立門戶，甚至不惜分手。後起的起亞也有異曲同工的步調，除了與馬自達合作製造馬自達系列車種外，亦不忘從事設計，因此有五門式台灣版的福特嘉年華（此款車種原爲日本馬自達原版一二一雙門車系，起亞另外附加後車門，成爲五門式，然後設計尾巴，變成四門傳統型轎車，並且幾乎整台散裝出口到台灣裝配）。這就是南韓明理的政府官員與產業界合作的結晶，反觀台灣，要等到何年何月啊！

現代與日本三菱愈走愈近，主要係各取所需，畢竟三菱覬覦南韓市場，而南韓也要中國大陸，日本獨力進軍大陸若有困難，多一個南韓爭取可爲助力；當獨立自主的兩方均不夠强大時，互取所需的合作就能夠相安無事。

從百大企業名單中可以看出，世界性的分工已是事實。德國的BOSCH不是汽車製造廠，卻位居全球車業第十四大；日本電裝亦爲十九名；排名在中油之後，年營收三三億美元（約台幣九〇〇億）的幾家美國汽車零組件廠，如：TRW、DANA、NAVISTAR、EATON、PACCAR等，也都不是製造汽車。面對這些世界級的車廠，台灣自製率的限制實在是個大笑話。但是，已經造成的傷害與不當投資又該怎麼善後呢？從政府的汽車政策看台灣汽車業，真是一件令人難過而不知所措的事。

台灣汽車工業在哪裡？

其他還有第三世界和新興的汽車國，如巴西與西班牙模式者，雖然這些國家和西班牙一樣每年有百萬輛的市場規模，卻缺乏好的政治環境去發展，因此目前景況不佳。能夠產製汽車外銷的馬來西亞普騰（PROTON），在日本三菱的支持與大馬强勢首相馬哈迪的要求下，未來將頗有看頭。泰國也深具潛力。在台灣這種前車之鑑下，這些國家都會全力支持自己的工業，台灣的主管當局也應該思考：下一世紀的台灣應該呈現什麼樣的面貌？

台灣汽車工業政策的特色，可以從幾個方向來看：

在製造方面，我國到目前爲止，對汽車製造業仍有幾個「法寶」限制。首先是自製率的限制，也就是車廠要自己重新製造一些母廠已經做好的東西（過去甚至將變速箱、曲軸等一定要有重工業基礎才可能生產的部件亦包括在內）。這項自製率有個變通的方式，就是把工資也計算在內，理由則不可知。

其次，製造業的貨物稅原先是以出廠價計算，但出廠價又分是否包括推廣費用，而推廣費用又是以多家經銷或獨家經銷來區別，現在突然改爲就售價來課稅，讓人覺得摸不著頭腦。像豐田是由國瑞汽車製造，然後交由和泰汽車獨家總經銷，和泰再交給八家經銷商賣車，而這樣只能算是一家總經銷，貨物稅中的出廠價不能扣掉推廣費用比例，變成出廠價較高，以致貨物稅水漲船高。官方的解釋是其爲獨家代理，當然要自己做推廣促銷的動作，工廠不過是把車生產出來而已。

簡單來說，官方根本不知道商業是什麼，也難怪對汽車工業感到前途茫茫了。

因應入關手忙腳亂

在進入GATT的談判過程中，我們聽到的說法是以各種模式對進口車設限，也就是針對不同國家設定其佔我國進口車市場或汽車總市場的百分比，藉此保障一些「比較不會賣車」的國家；至於其他很會賣車的國家或廠商，則可能必須付出更高的關稅來支應因爲賣得好而超出的量，亦即在現行關稅之外，可能要再加乘若干百分比。如此一來，市場當然會更亂。據說美國方面倒是十分同意這個構想，因此有過關的可能。令人不禁搖頭三嘆的是，美國人對真正使美國車無法在台灣得到應有市場佔有率的主因——以引擎容積爲一切貨物稅、牌照稅、燃料費等的基準，造成美國車、尤其是通用汽車的二手車沒人敢要，折舊也高得離譜——無人聞問，反而一直想著如何被保護就好，實在可笑。

另一個動作是，要求日本廠牌的在台夥伴，設法作樣子也弄一些零組件回銷日本或其他地區，表示盡了力量幫助台灣汽車業。事實上，台灣汽車業已淪爲相當徹底的殖民級工業水平，比西班牙和巴西都不如，甚至已經有落後泰國的跡象，原因就在變來變去的工業政策，該管不管、該獎勵的不獎勵，或獎勵根本不痛不癢。近兩年來對出口零件政策比較配合的是豐田國瑞、日產裕隆、本田三陽及三菱中華，主要係爲了換取進口配額，福特在台裝配的是馬自達系列，當然就毫無實惠可言。

還有一個作法是，由官方運用納稅人的錢，在雲林斗六的工業區內設立一個與工研院機械所互別苗頭的汽車測試中心。這個測試中心在新竹設立不久，因爲一些因素而決定移往斗六。這個台糖所有佔地五九〇公頃的工業區，將來可能是停擺的峨眉工業區的新版本，汽車測試中心未來在這裡會有符合國際標準的跑道，可以要求車商逐輛檢驗，並且進行撞擊測試，考驗車輛的安全性。在目前國際標準已相當成熟的情況下，設立測試中心没事找事，又破壞產業生態，不知有何積極意義？悲哀的是，三、四年前專程返國參加測試中心籌設的留外人員，已陸續看破離台；爲首的大官也剛剛轉檯，移師亞太投資公司。

雖然人員紛紛離開，官方卻非常執著，除了測試中心之外，還有一個執行多年的共同引擎案。這個案子是在「總得做一樣東西」的表功心態下，於九四年八月一日正式成立公司，出錢還是納稅的老百姓。工業局始終堅稱：「台灣汽車工業若要成長壯大，一定要脫離技術母廠，自行研發及製造引擎。」因此，未來如果使用自製引擎，將可享受三倍的貨物稅減免優待。這根本就是另一種形式的蠻幹瞎搞，官方主導可享受三倍的優惠，民間自己做就還是三％。可悲啊！台灣人。

經濟部在經建會是自家人的情況下，一直是全國最大的部會，也是掌握台灣一切生機與未來的重要機構。要什麼樣的台灣，完全在經濟部的主導下完成。建設台灣如今已成爲經濟部一個部的大戲，汽車工業的前途也完全掌握在其手中。當江丙坤部長感慨中央和地方四級政府的多頭政策造成諸事難爲時，或許並不知道像汽車工業這樣的產業，是經濟部就可以完全主導且有所作爲的；在國際談判裡，其他部會也只是配角而已。

財政部該怎麼做？

比如缺錢的財政部在部會主管各司其職的政策下，並不能對汽車有關的稅去想什麼，如果能想，也只會招來外行管內行或畫蛇添足之譏，如制定出不上道的新出爐的牌照稅，未來一定會成爲國際談判（尤其面對美方人士時）的黑鍋法令。因爲這項稅法中，牌照稅課徵的理由是引擎比較大，事實卻不盡然。以朋馳S級車型爲例，三二〇〇C.C.和二八〇〇C.C.的尺碼相同，長、寬、高分別是：五二一三、一八八六、一四九二mm；美國通用的凱迪拉克帝威四六〇〇C.C.是：五三二六、一九四六、一四二二mm；別克三八〇〇C.C.派克爲：五二二二、一八六九、一四一五mm；克萊斯勒的紐約客三五〇〇C.C.是：五二六八、一八九〇、一四一五mm。這樣來看，引擎雖大小有別，車身卻都相近，但牌照稅差異極大，將嚴重影響大引擎車的二手車價值，相當不利其新車的銷售。當然，我們不一定要仿效日本的國土政策法，依照汽車尺碼大小來課徵路稅（由於這項規定，使日本式的車身規格怪異，如長四六九〇、寬一六九〇ｍｍ這樣的呆板尺度）。

事實上，台灣誤打誤撞設立的耗能標準，反而可以稍加修正，作爲課徵貨物稅的基準。油耗高低雖是個人之事，但我國能源短缺，施以處罰性的稅負，不但公平且不致於落人口實，可謂數得之舉。正確的法令對產業發展是極爲重要的，不論是工業面、貿易面、消費面都可面面俱到。

可惜的是，面對入關的考驗，我們又出現了另一個全球最天才的策略，令人發覺台灣實在足以讓世界刮目相看。新的策略是：針對全球所有汽車生產國進行配額百分比法，以該國汽車總生產數爲分母，台灣進口車市場或總市場數爲分子，求出各國可以進口的數量，然後每個國家再回家「打一架」，決定各個廠牌要分配幾輛，如果超過規定的數量，便必須負擔更高的進口稅負，甚至可達三欄式的稅級。當然，這個偉大策略的先決條件是要有全球資訊作後盾，並且對各個車廠瞭如指掌。可以預期的是，這必定又是另一個國際機場計程車收費辦法的翻版，屆時不但國內亂成一團，國際間也有麻煩了。

對世界車壇的基本認識，其實是在汽車文明正常發展下應有的常識之一，但台灣相關的汽車教育投資與設施，可說都停留在三十年前的水準，產業本身也極度缺乏訓練，師資尤其難尋。但是，路是一定要走的，面對即將開展的世界檢驗，如何減少台灣車壇的怪相，迅速走到正確的路上，便需要全民都有健康的汽車文明認知，才有能力扭轉錯誤頻仍的官辦規則了。

思考空間

●不論對買車者或賣車者來說，認識全球車業現狀都是非常重要的事，你同意嗎？

●台灣汽車工業如果與世界大廠競合分工，會比較有希望嗎？

●以今天台灣汽車業的表現來看，二十一世紀還有中國人汽車產業的空間嗎？

●如果台灣製造出喬治亞羅車身、保時捷引擎、國民車價格的車，你認爲其前景如何？

●一輛售價台幣十五萬元的車子，你希望它是什麼樣子？

●十五萬元一輛、台灣地區能使用的汽車，可能出現嗎？

第九章

越野車的山林情趣

越野車，其實可說是台灣汽車工業的始祖，這在本書第三章「裕隆、國產的分家變局」裡已經提過，那就是吉普（JEEP）。在台灣，有個相當有趣的現象，就是目前上自官方下至全民，把四輪傳動的車子都叫作「吉普」。因此在一九九四年時，美國的悍馬越野車想進口，卻不得其門而入，因爲經濟部有一條法令明定：吉普式的柴油引擎四輪傳動車不得進口。後來在廠商不斷陳情下，才改掉吉普式的規定。本來這就是一條十足荒唐的法令，其一是，不應以吉普爲車種名稱；其二則是沒有道理限制這種車的柴油引擎。

越野車潛力可觀

事實上，越野車在台灣這種多山的地方相當重要。早在二、三十年前，公路局、電信局、電力公司等有極多山野工作的公家機關，就一再要求必須有這類特殊功能的車輛，否則許多需要上山下水的作業根本會束手無策。

以台灣三分之二屬於山林的島國來說，越野車的市場潛力應該非常可觀，但是幾十年來，由於城鄉差距，使得這類車輛的需求較爲緩慢，成長也相當有限。這就是國土規畫不當所造成的後遺症之一。

越野車在正名之後，才能真正展現出這類功能特殊的車輛誕生的意義。因爲要越過山野，必須具備比一般轎車更好的登山與越野功能，這是基本需要，得從汽車的機械結構方面去强化。四個輪子都要有動力傳達到，就成了這類車的首要需求，因爲每一個輪子都有動力存在時，在較差的路面上也能使車輛不被困住，而這樣的需要，就和傳統的轎車不太一樣了。此外，它需要更大的扭力，因爲要登高，所以利用柴油引擎比較好。

柴油引擎產生動力的原理是，高壓縮比式產生自燃，因此壓縮比高達二〇：一以上，扭力特性很强。如果非用汽油引擎不可，就得用比較大的容積引擎，才能應付高難度的路況，但那需付出六〇%的貨物稅，實在太離譜。

台灣一直到近幾年才真正對越野車出現需求，這一方面表示五〇年代即發展越野車的裕隆汽車真是生不逢辰，因爲當年社會封閉而且窮困，越野車當然沒有市場，唯一的客戶只有軍方，但是連軍方也是資金窘迫。另一方面則是近年解除戒嚴，才有更多的山地開放，更多的海邊可以遊賞，於是老百姓的活動空間加大，原來的小汽車也發覺力有未逮，越野車市場才現出曙光。

一九九〇年之前，太子汽車預備投入鈴木吉星小型越野車生產時，內部一直舉棋不定，不敢輕言市場數量，甚至也不敢直接挑明吉星的越野車特性，只能偷偷的以新房車的色彩，企圖從傳統小轎車每年二、三十萬輛中搶去一、二萬輛，畢竟這總比從零去開創新市場來得有信心些。

越野車新定義

其實，鈴木的出現，使一般人對越野車有了一些新的定義，早期只有公家機關能夠使用，於是造成越野車的貴族感與陌生感；「鈴木吉星」則努力使越野車平民化，但卻形成有些性能過於轎車化的負面現象。另一個現象是美國ＪＥＥＰ也强勢引進，掀起了美式吉普的牛仔印象，並造成國内玩吉普的異文化，夾雜在新興的賽車風潮中，事實上並沒有真正的導入越野車的生活型態與品味，一種樂於與大自然融爲一體，體驗人生真諦的追求。不過，在鈴木吉星之後，五十鈴的RODEO也登台，剛被ＢＭＷ購併的英國越野大師LAND ROVER，也於九三年初試啼聲，引進DISCOVERY型的三五〇〇C.C.款式，據聞德國的朋馳汽車也頗受鼓舞，有意伺機再行進口。

其實，在軍方採購車寬超過兩公尺的悍馬作爲新的軍用越野車後，曾引發不少市井傳聞，當然也順勢造就了一些越野傳奇。這是越野車再度成爲熱門話題的好時機。但是真正對台灣地形有概念者，幾乎都很難理解這款超寬型的悍馬軍車，如何在台灣崎嶇窄小的山路暢行無阻？或許用途會限制在沙灘吧？

在民間，則因著縮短城鄉差距的呼聲，加上移民東部產業東移等口號，使得許多人在東移的念頭出現時，都很自然地聯想到，需要一輛越野車奔馳這一條大道。另一個現象是，大型朋馳在年銷四〇〇〇輛的驚人比例下，已有許多高級買家產生另外尋找一輛好車的心理，因此一些高級的越野性能車，已使這類車主內心思變。事實上，以朋馳的S級台灣現象，真的令德國人吃了一驚，因爲在德國，朋馳的S級車每年市場銷量也不過是一萬六千～二萬輛，而台灣僅佔德國總市場規模的九分之一，但S級車的銷售量卻可接近其四分之一，堪稱全球車市奇蹟。

建立越野車使用認知

這樣的現象，其實正是台灣車壇的特色之一，其中所顯示的越野傳奇也頗值得探討。我們預估未來的山林魅力將會擴大效應，越野車市場亦頗有看頭，甚至許多原本傾心於廂型客貨兩用的買主也會轉移到這個部分來。

透過這樣的市場訊息，相信在GATT的談判過程裡，日本應該非常在意我們的汽車產業政策，因爲所有台裝車都已是日本的天下，因此在進口車世界裡，實在沒有太多理由再作限制，其中的越野車等也很難特別列表設限，是以我們如果想像一些日本車登陸戰的推測時，買家應該是興奮異常；相對的，賣車人或許將是難以安眠的。

越野車雖然已在國內市場萌芽，可惜的是，國內對越野車的正確使用方法仍然缺乏有效的傳達。另外，許多車隊的興起固然是件好事，但因其中水準參差不齊，使得真正用心經營的愛車人，在一些只圖利用車隊名義，真正目的卻在販賣配件、兜售車輛等的刺激下，演出團隊分裂的情事，讓有心人不得不感嘆惋惜。

不過，整個社會現象基本上還是利於越野車發展的。相較之下，如果社會大衆擁有正確的越野車使用認知，更能促成一個健康的汽車文明時代的早日來臨。因爲，當人們能夠深入山野、探求大自然奧祕時，生活的樣式（style）就會有不同的展現，而社會的脈動亦會有些許調整，如浸泡在酒廊的日子會少些，因爲人們開始與土地發生感情。這就是健康的汽車文明時代。

我們期盼台灣的山林之美，在未來逐漸成熟的越野車時代，不但不會被破壞，還會更加美麗。

思考空間

- 你是否能清楚區別越野車與吉普車?需要正名嗎?
- 在三分之二的地區爲山野峻嶺的台灣，越野車用途極大，你同意嗎?
- 你認爲越野車的售價應該多少比較合理?
- 你會夢想駕駛越野車馳騁山林、享受無限開朗的生活嗎?

第十章

台裝車角力戰

台灣地區所謂的「國產車」，其實都應該正名爲「台裝車」，原因無他，這些車子都是別人設計好、生產完之後，才運到台灣來拆除仿造再組裝的，而所謂「國產」，指的必須是「我們自己生產」之意，從原材料到完成品的過程才是真正的生產製造，絕不是裝配工作。可惜的是，至目前爲止，台灣能稱爲國產的只有幾種車子的尾巴；而飛羚（最早的代號是一〇一，現在的車子叫精兵）除了車殼與內裝座椅、儀表等之外，也是日本的底盤，以及改裝過的引擎、變速系統等。

代理人之戰

因此，當我們提及台裝車之戰時，事實上談的是代理人的戰爭，或者說根本就是一場經營決戰，因爲：㈠市場一樣；㈡產品都是別人的；㈢可用的媒體一樣；㈣能夠用的人很少；㈤消費者沒有理由原諒過去或主動瞭解過去，因此過去如何不能成爲藉口；㈥只要願意，每個人的資訊都一樣；㈦都一樣用新台幣，沒有人在這裡使用比較强勢的貨幣，但可以有運用外匯操作的空間；㈧腦袋都差不多，台灣的汽車教育與訓練大同小異。尤其在以「時機」爲主要銷售重點的時代過去之後，經營品質勢將成爲市場競爭的主流，產品只是其中一項變數而已。經營品質可以決定產品生命力的强弱、公司魅力盛衰及員工生產力的高低；決定經營品質的人，則是公司負責人和經營幹部。

豐田志在第一

豐田爲爭第一所投注的心力，幾乎到了不可思議的地步。一九九四年初始，以福特爲主的台裝車廠，便沒有安寧之日可過，每天都必須與第一線保持聯繫，維持市場資訊的暢通與情報的時效性，爲的就是制敵機先，穩住市場優勢。結果六個月過去，豐田的進口車加上台裝車果然已經位居銷售量第一。

豐田一開始就是志在第一，經過四年的穩定耕耘，現在的問題只是時間而已。九三年一月份時，和泰曾通令全省經銷商，務必取得當月份銷售冠軍，並且賞以厚利，目的不外是培養競賽心理，使求勝目標與員工的生活脈動連成一氣。

以目前的戰況來說，豐田的產品線並不長，台裝部分只有新舊兩款可樂娜和瑞獅商用車，因此市場預測會有另一個車型（推斷應爲新星STARLET）伺機取代舊款可樂娜。此外，三菱菱帥（LANCER）問世後表現優異，豐田與之競爭的車款是進口的冠樂拉（COROLLA），應該不會浪費資源，再組裝可以自美進口的同級車，但問題是，舊款可樂娜是否魅力已失？車廠選擇改款原因很多，但不外乎原款式的競爭者推出新式樣，導致自己喪失市場先機，或原車型已令消費者感到厭倦、不討喜，再不就是純經濟因素的考慮，强迫前型車成爲市場的「準淘汰車」，並刺激新客戶的誕生。因此，豐田會不會改款或增加車型，應該嚴謹的觀察，同時看LANCER能否保持銷售佳績於不墜？而不會貿然投入新商品的競爭。

福特在產品線上就消耗了太多內力。來自南韓的嘉年華，其同級車種包括了大發祥瑞、速霸陸捷速帝、雷諾TWINGO、日產MARCH等台裝車；更上一級的全壘打又有更多對手：日產新尖兵、本田喜美、三菱LANCER、雷諾R19、通用OPEL精湛、標緻405等，豐田新型可樂娜以大一號的身段，似乎能夠以逸待勞地擾亂這個戰場；至於天王星，則企圖在本田雅哥、豐田新可樂娜及日產霹靂馬等强敵環伺的重圍中殺出一條康莊大道；商用車是和强勢品牌中華三菱得利卡對打，所有產品線都在爭戰激烈的區域，福特的防衛戰是備極艱辛的。從裕隆與國產的事件中，福特漁翁得利，又加上正是福特新小經銷商羣最有抱負與表現的一鼓作氣初期，使福特於數年前躍居車界龍頭，如今形勢改變，所有難處一一浮現。

在進口車部分，福特須面對的敵手更多，來自美國的日產美規車如今已成中級車主流，豐田的COROLLA、CAMRY、日產的ALTIMA、SENTRA、馬自達MX－6、三菱GALANT等，或强或弱，基本上都可以搭到美規日產的便車；而福特的德國MONDEO，加上即將改款的新SCORPIO及美國版的PROBE、TAURUS，使產品銷售焦點模糊而令銷售員無法適應，在作戰的有效性上，表面上是擴大了產品陣容，其實卻扼殺了業務員的競賽空間。以福特這樣的公司架構，設立品牌經理也許是其中一種方式，由專人來負責嘉年華或其他車款，藉以取得更直接而有效的市場作戰資料，並提供經銷商們更好的支援。

不過，依目前短期內沒有強手出現的局勢來看，福特仍可與豐田進行一段時期的拉踞戰，且雙方都仍有很大的空間與戰線可以運用；而從決策速度面與行銷戰力觀察，豐田的優勢是十分明顯的。

日產、三菱、本田搶第三

經營日產車系如今已非常清楚地成爲裕隆的主要事業，但問題是，製造的裕隆幾年下來似乎還不太能跳到銷售的裕隆。這個關卡，其實正是裕隆最大的心病，甚至也是許多只看到缺乏專業經理人這個問題層面的經營顧問公司，所無法理解的。不幸的是，日產當局似乎也不太瞭解台灣市場的問題，否則便不會要NISSAN、MITSUBISSI和HONDA去搶這個第三的位置了。

左表所列的是上述三家車廠的台裝產品線：

原廠牌	廠牌	迷你車	小型車	中型車
NISSAN	裕隆	MARCH	SENTRA	PRIMERA
MITSUBISHI	中華	—	LANCER	—
HONDA	三陽	—	CIVIC	ACCORD

中華三菱以新秀之姿，挾其國內商業車第一，以及股票上市、員工上下一心等優勢加入小客車陣營，造勢可說非常成功，絲毫不讓豐田當年。中華成功地掌握每一個機會，公司形象包裝幾乎已臻完美，不僅是國人的驕傲，經營者本身也獲致極佳的成就。LANCER轎車推出時，非常智慧的請到新銳導演侯孝賢下海拍攝廣告片，注入文化關懷，創造了超强的產品生命力，策略運用高出當年豐田郭小莊、吳炫三的包裝；平面表現上也與聲光結合，高級化地以音樂神童林昭亮搭配旅行車，相當能抓住目標客戶羣的心境及其影響效果，延展後的產品生命力頗爲驚人，所以中華雖然只有單一車型，未來潛力卻十分可觀。九五年起，三菱可能會對進口的GALANT下更多工夫，但這個競爭帶的局勢較複雜，目前尚難看出長期的成果。

本田雅哥九四年第一、二季以新車上市的威力，創下佳績，但喜美就略微受挫。

事實上，本田車系現在的困境是台裝、進口不分，兩者完全重疊，駕駛進口CIVIC或ACCORD和台裝的喜美、雅哥難以分辨，造成莫須有的形象混淆，相當可惜。當然，我們也可以說這種忌諱不是那麼嚴重，但兵法或商業的守則都一樣，不必要的誤失最好一個都不要有，除非是故意塑造成優點，用進口車形象來提升國內裝配車的感覺，而這種情形通常必須很有心地去拉抬身價才有用。

本田的台灣代言人三陽其實大可留著中文名稱喜美、雅哥，即使只有進口系列的CIVIC、ACCORD，一樣需要中文名字，不必擔心花好幾億打出的名號浪費掉，反而可以有提升級數的訴求，對原來的台裝車主而言，才是真正的吸引力。當然，把名字留給進口車後，台裝系列大可引進日本目前有的版本，如CITY、CRX等小而特殊的車種，或DOMENATE、VIGOR、INTEGRA、ASCOT、RAFA-GA，無論何種組合，都可使本田的戰力與戰線延展至最完美的境界。若未來本田三〇〇〇C.C.級加入戰線，其產品線就更應該好好設計，甚至不排除日本本土另闢一條行銷通路的作法，這才是刺激購買慾、擴大佔有率的強勢作爲。

中華三菱LANCER會造成所謂「新車效應」，上市一年仍十分暢銷，令許多專家感到訝異。自兩三年前開始，新車造成的搶手期便一再縮短，從一年、半年到三個月，而LANCER竟有整年極佳的表現。LANCER現象有幾個特色，一是中華的造勢成功，使商品銷售的壽命期因公司形象佳而自然延伸；再者商品本身就有其產品魅力，加上三菱整體力量的帶動，自然能夠吸引並連接一九七四年代的魅力；第三則是三菱廣告策略奏效，非常成功地塑造產品擬人化的形象，延展產品生命力。更巧的是，幾乎有一整年的時間，LANCER沒有和敵對的商品直接對衝，將競爭阻力降到最低，掌握最佳時機調理作息，此正所謂商機也。就另一觀點視之，正因爲市場上長期以來都不太在乎產品的策略運用，甚至根本不懂，於是遇到一兩家稍懂戰術運用的廠牌時，一般人就只有目瞪口呆的份兒了。短期內，由於競爭者的形象一直無法提升，三菱的力量仍可維持不墜。

目前台灣車壇面臨最大危機的是裕隆。裕隆大開大闔的格局尚未可見，市場上卻可隨意聽到許多人事包袱與權力角逐的聲浪，殊爲可惜；以日產日本第二、世界第四之國際性廠牌，竟不能對裕隆提供較積極的協助，可說是另一種親痛仇快的現象。裕隆是否一直困惑於製造本位，無法跳回銷售本位，可能也是一項影響極大的因素。市場競爭永遠存在，不可能稍停，此消彼長是必然的現實，所以日產裕隆停留在思考經營策略的時間愈久，經營破口出現的裂痕自然就愈大，只能落在搶第三的成份與時間就更爲濃厚，並且延長時日。九四年初，日本方面已有馬自達與福特合作的三二三及全壘打車系推出新車，日產SUNNY也有新款式，目前這些車型在台出車日期未定，但都會在九五年出現，對三菱LANCER將是一個考驗。

標緻、雷諾點綴市場

在台灣目前仍然以CIF作爲進口貨物關稅等各類稅源計算基礎的情況下，法國和德國在台裝配的汽車一樣，將都只是點綴性質；日圓不斷升值，給予具法國血統的車廠衝刺與翻身的機會，可惜其在台灣本地的品牌氣勢已跌入谷底。這谷底現象也許可以視爲「置之死地而後生」的處境，但必須認清形象滑落的原因是什麼？一項耗資數百萬元的市調結果顯示，法國品牌沒有具備任何個性。這其實是汽車類產品的一大危機，因爲汽車是一種高單價、高科技、耐久性以及具身分象徵的商品，對品牌形象的要求較嚴格。如德國朋馳在台的形象是無條件式的夢中之車，而其世界性的廣告訴求，則不斷以科技領導者爲最主要的象徵，車主們也以科技的、高品質的領導者自居。

長久以來法國車的售後服務一直未落實、扎根，早期都倚賴特約工廠，不僅技術品質無法提升，更連帶地造成零件供應不良，形成相當嚴重的負面影響。此外，法國車也未曾在品牌定位上下工夫，如CITROEN曾以法國「總統座車」自擬，因爲車系中有一款加長型的頂級車與之相似，但那已是七、八年前的事。雷諾

（RENAULT）與標緻（PEUGEOT）更缺乏這類訴求，導致法國汽車在消費者心中不具任何代表性。

九三年初，雷諾總廠與瑞典ＶＯＬＶＯ的合併案破裂，拯救了台灣三富和法方的關係。原來，在太古集團的奔走之下，歐洲合併案給予太古集團遊說法方變更在台代理權的好理由，並且差一點就拿走了雷諾的進口車系列代理權。由於太古在台經營的ＶＯＬＶＯ相對於亞洲其他各地的銷售可說相當成功，對一個寄望台灣市場頗深的廠牌來說，當然很有吸引力，尤其在原代理商表現不佳之際，以太古集團的背景，一旦合併案成功，代理權勢必生變。九四年起，雷諾的展示室有了大幅度的改善裝潢動作，每個展示場都花費鉅資施行ＣＩ系統升級的硬體工程，接著是迎接台裝TWINGO上市，線上業務人員也都接受了無段式手排檔的教育訓練與實車試駕，初步反應不錯，各型進口車已經準備排隊進場，與衆家大軍一拚。可惜，TWINGO不可能扮演救星的角色。

再者，早期雷諾的銷售策略，喜歡把業績不佳的台裝車業務員放逐到進口車系，造成人才反淘汰現象，使雷諾大型車的拚鬥無人無力，倍感辛苦。有人認爲，雷諾大車可以用太古集團提出的輕鬆行銷方式低價衝關，三〇〇〇C.C.賣其他歐洲二〇〇〇C.C.價的一二〇萬元，等時機成熟再收拾舊山河。當然，這項策略市場不一定會接受，畢竟通常高級車車主要的不只是廉價，而且若只吸收到貪小便宜的次等高級車主，對品牌的長期銷售亦屬不利。

無獨有偶地，標緻也因法國印象太過模糊而落馬。售後服務太弱，造成標緻旗艦級六〇五號大車空有義大利賓利法尼納設計的大師級外型，卻絲毫搶奪不到VOLVO九〇〇系列任何一點市場。箇中原因，一則可能是被當年的六〇四所害，再者是沒有塑造出貼切的「道路之王」象徵品味，使得六〇五在台戰術乏善可陳，或可謂根本沒有戰略與戰術觀。但是，標緻一款二〇五車系卻差一點形成另一種氣候，尤其敞蓬車系幾乎使其法國印象自然形成，後來的一〇六、三〇六其實也都有很不錯的個性與造型，可惜市場上似乎感覺不出强而有力的氣勢；高島屋百貨分散了羽田當局的注意力，台裝的二〇五、四〇五其勢不彰，無法透過進口車系的强化拉抬整體印象，也是相關因素。果真如此，那麼事業的分權、分工是極端不定的，未來的競爭必定更加吃力。

從消費者的角度來看品牌指名度是非常重要的。品牌指名就像一部電影不會有太多主角掛名，並且會爲排名而犧牲戲份，牽就人性的第一、第二主角等，汽車也是一樣，各自走自己的品味，成爲夢中之車、性能之車、安全之車、古典之車或歷史之車、帝王之車、未來之車乃至可靠之車、信心之車，運用之妙存乎一心，否則若永遠只有四大天王，第五名就無法存活了。

台灣十餘家車廠的大混戰，以及官方主觀的企圖設計多家廠牌進入合併之途，導致產業秩序愈趨混亂，這不但不是現有車廠之福，更非台灣汽車相關工商業之福；對法國車廠而言，也更加吃力且沒有遠景。政策主管當局該介入時不介入，無力回天之際又想摧毀長城，使得產業自主性日差，實在奇怪之至。依現今之勢觀察，標緻與雷諾都只有點綴市場的份量，若要躍升爲主角，除非有大開大闔之力，否則能穩住陣腳已屬大幸。在台灣根本沒有國產車的情況下，台裝車的戰爭其實根本就是世界各廠在台的指名戰，唯一能夠振興台裝車系的方式，就是打好進口系列、拉抬品牌形象，如此才有助台裝車的存活。

速霸陸等聊勝於無

從名字來看，日本的富士重工似乎氣勢不小，但在日本，它只比大發大一點而已，甚至不及馬自達的一半，在日本處於競爭弱勢，但對海外競爭如台灣地區而言，上述問題並無關緊要，因爲形象可以重新塑造。

SUBARU過去與三富的合作關係，造成在台重新出發時的阻力，尤其新公司總部的精神中樞都設在屏東地區，與社會脈動有一定程度的落差。特別是SUB-

ARU重返台灣時，仍然以過去三富時代的小車爲主力，而小車在市場上已經熱鬧過頭，競爭困難。

其實剛開始時，如果不進大車，分散小車買主的專注力，反而可以有機會重新塑造形象，例如品牌譯名的部分，日文原名SUBARU「六連星」的創意，其實是很具吸引力的。

從日文原意翻成英文，SUBARU是「PLEIADES」普勒阿得斯，也是星團名「昴星團」之意，兩種意思都和「六連星」有關，這就是車廠原始命名的本意，也是最基本的CI出發點，否則看標誌而不知其意，標誌本身就喪失作用了。

「昴星團」的東方哲學傳說，係因此星團在春分時候，是和太陽一同升起的，因此把這個星團看成指引人們開始春耕農忙的起始，對航海人也有同樣的告知作用；到了秋末之期，這個星團與太陽同時落入地平線，此時的天文景觀告訴人們，農忙季節結束，遠方的航海人也該回航休息了。「昴星團」平常肉眼能見的只有六顆或七顆，因此有「六連星」之名。

在希臘神話故事裡，這個星團的出現，是由巨人「阿特拉斯」和海洋女神「普勒俄涅」所生的七個女兒變成的。這七個女兒裡，只有一位後來和凡人相戀，至於是不是因爲這樣，所以星團可見的星只有六顆，應該是另一篇神話故事吧。如果可以從這個角度去談商品，其實是很好的年齡羣切入點，可惜没有人會去思考品牌建立與人文典故或歷史間的聯想，也許「汽車」真是那麼冰冷、缺乏情趣吧！

SUBARU領先市場、最早上市的ECVT電子無段變速，推出時没有顯示出强烈的技術領導者地位，錯失建立品牌印象的機會，頗爲可惜。

事實上，探討一個品牌的整體形勢時，根本不可能分台裝或進口，因爲這些都是原廠牌自己的東西，將兩者分開，只會失去焦點、模糊印象。

按理說，如果進口系列產品成功上市，台裝貨必然也會得到庇蔭。以SUBARU而言，進口的LEGACY成功，自然會帶動台裝小車，可惜其總部遠在屏東，遠離市場佔有率達五〇%的北部地區，等於自我放逐，而且没有把進口、台裝合併思考，所以反應未如預期。

SUBARU有非常清楚的產品特性，一是水平對臥式的引擎排列方式，係目前全球四汽缸車輛中唯一具備這項特色的，在廣告上應可抓住義大利法拉利的十二缸水平對臥作訴求；另一項特色是四輪傳動，也很值得一談。九五年起，SUBARU進口與台裝將分線銷售，如果短期內能夠强化通路，當然可能增加銷售，但是真正的重點似未掌握，最後還是只能點綴市場而已，變化不會太大。

至於大發，因爲只有小型車一種類型，在市場競爭中只能保住一定的格局，若列強纏鬥後擴大打擊面、推出更多車型，市場機會就更吃緊，如果一開始就以多款小型車塑造出小而精緻的領導特色，當會有另一番景象。例如大發將越野車ROCKY車體交給義大利博通改裝生產，再配上BMW引擎推出上市，定能吸引不少消費者，高價售出。另外，加大一號的RUGGER越野車，其實也可以效法引進，塑造小而巧的產品特色，創造堅實的市場實力。

和大發情況相同的鈴木，幾年下來反而有比較明顯的品牌定位，主要拜越野車吉星之賜。但是，好了吉星就好不了福星，因爲四乘四的產品特色容易突顯，所以未來如果推出卡布吉諾這樣的俏皮車，品牌特色會立刻定下來，成爲小中之大。

整體來說，此處的日本三小，在幾個大車廠的影子裡，向來就不太能揚眉吐氣，如果能像五十鈴（ISUZU）一樣，進一步結盟產製別人的車子，不僅可以省下開發的費用，又能因結盟而擴大產品陣容，這正是台灣汽車產業未來的出路之一。目前五十鈴是將本田的ACCORD掛牌叫ASKA賣，而本田的DOMINA則以GEMINI之名在五十鈴掛牌銷售。此外，本田也掛著自己的招牌賣五十鈴的四乘四越野車，如短軸的BIGHORN改稱JAZZ。在台灣所有製造廠都無法獨立自主的情況下，母廠的任何風吹草動都非常重要，如果不思進取，成爲聊勝於無的市場配角將是預料之中。

歐普前景未卜

小小的台灣島，如今幾乎已成爲汽車王國，扣掉三分之二的山地後，剩下一二、〇〇〇平方公里的土地上，有十二家汽車製造廠在台組裝十四個品牌，密度居全球第一。而德國車除了ＶＷ外，新加入台灣市場的是歐普（ＯＰＥＬ），這個美國通用歐洲系統，本來是和南韓的大宇一起玩的，但大宇實在不乖，雙方終於拆夥。所以台灣版的通用其實有一點向南韓示威的復仇成份，加上合作的禾豐集團旗下國產汽車公司，原來只負責銷售，若能進入製造領域比較好，可惜合作後動作太快，不但一邊造車一邊塑造新面貌，還一邊賣車又一邊發覺問題。早先消費者對ＯＰＥＬ的品牌印象並不太好，最早只有新高汽車一家代理，通用在台成立分公司之前，ＯＰＥＬ又加入德產汽車被賤賣過，其後又是多家代理亂成一團，最後才只留下國產汽車一家，如今經營起來倍感辛苦。

綜而言之，ＯＰＥＬ是有機會的，通用畢竟是全球最大的車廠，如果好好合作，ＯＰＥＬ的品牌仍有不錯的機會建立起來。台裝的精湛（ASTRA）除了必須妥善固本之外，九五年份的進口新OMEGA應該是個好機會，可以使整個ＯＰＥＬ的產品線在進口系列完整地鋪陳出來，順利的話，其實可以超過ＶＷ，代之而爲德國平價車的代表，則前景可翻兩翻，只是這又得看通用在台諸君的作爲了。通用在台人員位高權重，但對台策略卻嫌主觀而不易與，因此前景未卜。美式作風就是這樣，强勢不輸日本人，對問題的深入與瞭解卻常隔靴騷癢，否則以OPEL產品陣容及原有的國產技術服務體系，只要努力加以整頓就可有一番成就；事在人爲，這一、二年極具關鍵性。

至於在國內只生產長頭商業車的法國雪鐵龍（CITROEN），據說也要進入台裝轎車領域，但依現今之勢，似乎暫緩爲宜。雖然新的XANTIA賣相不弱，價位也頗具吸引力，但以禾豐集團目前的汽車版圖來看，安內是很重要的工作。九四年起似乎有安定的機會，卻又一路自亂陣腳，可以賣好的XANTIA消沉下去，再者設立禾興，與豐禾分治，加入小經銷商企圖廣設據點，反而不見起色。其實CITROEN的產品特色是法國車中最强、最可以塑造的，問題在如何强化人員素質。

台裝車的南亞計畫

現在台灣汽車廠數量已經過多，未來應該朝讓各車廠自我調適的方向整合，再自然整編，但當局卻有强勢主導之意，一再宣稱要合併各廠，無視於現實的困難。因此，當台塑集團的南亞公司傳出有意介入汽車業時，最頭痛的應該是工業局，因爲南亞要就會玩真的，而南亞一旦有意玩真的，官方就很難繼續以蠻橫的態度主導汽車產業。目前汽車業幾乎不是乖乖牌、就是內部問題重重的病號，都是有求於官廳的，因此在政策制定上，一直沒有什麼雜音出現，連加入GATT這件大事，也可以談出全球唯一的分級配額方式，若不是刻意設計，就是無知。

因此，南亞風雲當是亦喜亦憂的。高興的，是以南亞的作爲，還算有機會可以進入真正汽車製造的範疇，走出完全不同於過去幾十年冤枉路的新途。

一個完整的汽車廠，指的是從設計到製造都能自己完成的工廠，能夠設計卻不一定要自己生產，可以找OEM廠商配合。設計的工夫高出製造許多倍；世界級的大師身邊也要有一些科技專才，大師則是通才，通才才能掌握市場潮流，創造需要，所以設計是完整車廠非常重要的一環；當然，車廠也必須付出鉅額資金來投資。以台灣今天的車壇現象，如果南亞變成另一家豐田，或者三陽、裕隆，坦白說是毫無意義的，沒有設立的必要；而如果像長榮航空般以歷史與尊嚴爲重，和世界爭面子，就不是混過關、進入這個領域就好了。

如果南亞的汽車計畫是一個完整車廠的企圖，而這也是台灣再設立汽車廠唯一可行的路時，第一個要解決的問題便是主宰汽車工業命脈的工業局。訂定一個真正合理、合情、適法、適實的政策，是健全汽車工業的基本前題，沒有健康的遊戲規則，任何動作都是枉然；瞭解全球局勢、認清台灣的優勢以及全球分工與競合的條件，則是必要的認知。我們的工業局，政策是什麼？政策面在官方並非全能之下，更不宜凡事皆採官方主導的模式，例如業者自行開發車身、底盤或動力系統時，只可以申請三％的貨物稅減免，但官導的共同引擎卻跳升爲九％，這就荒唐了；如果施政成果是在擾民或誤導企業，必將民不聊生。台灣的汽車政策迄今都太不正常，不要說未來南亞案如何，現有幾十家只是一定程度的國恥而已。

報載，南亞案接觸過的廠牌有：南韓現代集團、義大利飛雅特集團、英國路寶集團及美國克萊斯勒集團，盛傳其中以克萊斯勒表現最積極，目標車種也已選定九四年上市的NEON第二代車。如果傳聞屬實，則南亞案注定又是一個敗筆。首先，沒有任何人相信NEON將來會有售價新台幣十五萬元的可能（包括仍在概念階段的簡化型），雖然這是南亞汽車夢的原始構想，也是國民車的本意；其次，NEON的二〇〇〇C.C.與造型不是可以長時間在東方銷售的車型；第三，如果NEON打算外銷，能夠銷往哪裡？克萊斯勒在北美的戰況已相當艱苦，轉入歐市也有一段時間，日本市場亦然，因此只有東南亞和大陸市場可去；而掌控右方向盤市場的東南亞國家：泰國、馬來西亞、印尼、新加坡、香港等，門戶管制的嚴格是全球車市所知，台灣裝製的車子想進去是不太可能的。九四年秋季又傳出克萊斯勒到越南投資設立商用車和越野車的計畫，台灣南亞算什麼呢？

再者，若台灣市場門戶洞開，南韓現代又豈會多此一舉，來台設立組裝廠呢？何況現代本身也是車廠的技援起家，找這種二手合作豈不怪哉？至於英國的路寶，轉給德國BMW車廠後，自主性減弱，八〇年代即積極轉與日本本田合作，也非適切的母廠對象。

慎選合作廠商

事實上，全球車業排名第九的義大利第三大集團飛雅特是最理想的合作對象。飛雅特旗下有FIAT、LANCIA、ALFA ROMEO、FERRARI、MASERATI，以及兩三個小廠牌如INNCENTI、AUTOBIANCHI、ABRTH，扣除掉本土市場之外，海外銷售平平，東歐也僅尚可，北美市場更是自八〇年代就撤出，而未撤離之前，在一九七五年也有過年售十餘萬輛的紀錄。

從市場面來看，對台灣而言，FIAT這個品牌擁有最理想的合作條件；再者，義大利迄今仍是全球首屈一指的汽車設計王國。如果雙方可以提出一個大太平洋區市場結盟的合作計畫，不但飛雅特集團進入二十一世紀遠景可期，也是台灣汽車工業起死回生的良機，而這卻是日本車廠極端不想見到的。

因此，就國內現階段的工業政策面來說，南亞案基本上是比較不樂觀的，除非更高的決策者覺悟到汽車政策已誤導整個汽車產業，並徹底瞭解汽車工業與國家現代化的重大關聯，對汽車文明做深入的人文探討，並且認真地回應，才能開展一個有尊嚴的現代國家格局，也才是二十一世紀台灣汽車產業的積極意義。南亞案發展如何，只有成爲新希望才有意義，但聰明的資深掌權官員，似乎已在說服台塑放棄汽車之路。

思考空間

- 以「台裝車」正式取代「國產車」之名，正其視聽，有必要嗎？
- 現在台灣市面上的國產汽車都是其他國家設計生產過的車種，你是否知道？
- 汽車與近代文明有極具結構性的關係，此項說法是否正確？
- 請寫下你最信任的台裝車品牌及其原因。
- 如果有一輛真正國人製造的汽車，什麼情形下你會去購買？
- 汽車在馬路上跑，所以最能宣揚國威，對嗎？
- 請爲本章提到的汽車品牌排名，並敍述理由。
- 「管他什麼台裝、進口、國產，只要售價合理就好了。」這是正確的買車觀嗎？
- 「管他什麼品牌，車子其實都一樣，四個輪子、一具引擎……」，是這樣的嗎？
- 處於全球新競合時代中，台灣是否應把握一線生機，妥善發展汽車工業？

第十一章

進口車爭霸戰（一）

台灣的汽車市場，原本就可以稱之為進口車市場而已，雖然又有台裝與原裝之分，不過大家習以為常的分法是整車進口與散裝組合。真正的進口車戰局，其實出現得很晚。一九七四年的全面停止到一九七八年的限量開放，進口商可以說是個個都沒把握，根本摸不清政策面的未來走向，也從來沒有與聞國家汽車工業政策的機會。因此在一九八七、一九八八年之際的一次關稅風波，因為說好關稅要降卻未降，引起車商們羣起抗議時，還被當年的官員消遣辱罵一頓，表示這些人從來也沒回饋國人，竟好意思採高姿態興師問罪，使得車商們當場啞口無言。可見到了八〇年代晚期，進口車業者的政經參與機會仍然相當有限，也因為這樣，所以台灣的汽車產業一直是弱小幼嫩，不夠健康；但是在人民財富因為幣值變化，以及土地政策變動、股票市場狂飆等因素下，汽車市場卻又一下子由早熟而衰老，其間因經歷了消費羣的大洗牌運動，幾乎把正常的行銷法則完全破壞。

正因為這十餘年來的變化，台灣車市形成一些特異而畸形的現象。

BENZ、BMW眞的穩如泰山?

一九一七年，台灣仍屬日本的版圖，德國希特勒的最愛·梅賽德絲·朋馳

（MERCEDES–BENZ）也漂洋過海到了台灣島，那時的代理商叫YANASE。不久前，朋馳自己設立了日本分公司，拋棄YANASE集團。YANASE原來代理的德國車，除了BENZ，還有VW、AUDI，以及美國的GM。現在VW也設了分公司，YANASE遂改進口OPEL。

當年，YANASE把朋馳弄到日本統治下的台灣，受到民衆的虔誠頂禮，把BENZ當作另一個神祇看待，因爲每次看到它，都有人服侍在側，何等風光威嚴！因此服侍朋馳車就變成人類一生的夢想。先是有權的人可以擁有它，再是有錢人能買到它，而且一直有司機看顧它、維護它，於是，它在人們的印象中，一直是好美好美、好神勇，似乎是從來不會損壞的車子。這就是BENZ，從此成爲最高級車的代表，而且無可取代。尤其，MERCEDES–BENZ從數十年前就開始產製大型車，更根深柢固地穩住其品牌地位與形象。

在台灣，這樣的膜拜現象極端强烈，甚至到了一九九三年，朋馳的S級連同貿易商進口銷售的總數量，高達四〇〇〇輛之譜。這個數量幾乎是德國本土的四分之一，是全球第三或第四的市場，其他品牌幾乎都無法搖撼這個品牌巨人的地位。可見在銷售上，品牌第一印象的建立是何等重要。到一九八三年時，德籍BMW才開始在台灣發威，市場佔有率像旋風似地一柱而起，一下子變成高性能車的代表；再加上德國印象的影響，人們不分青紅皂白地認定ＢＭＷ就是性能車，進入九〇年代後，基礎就更穩定了。

其實整個時代在大混亂的局面下，價值觀也被重新組構過，而在重組的過程中，只要能夠穩住、不使其負面值擴散的，一旦新秩序出現，立刻就可成爲新龍頭老大，這是ＢＭＷ品牌成功的原因。因此在客戶羣重組完成後，ＢＭＷ一直留在高性能的範疇內。ＢＭＷ主力販賣的車種，一直集中在三系列與五系列兩種款式，最大的七系列相對的就不易與朋馳相抗衡，當然有一大原因是車輛本身的設計。ＢＭＷ本來就以高性能作爲產品訴求，連七系列也以車身稍低的勇猛貼地感來區別。這和本地人要高要大，以平衡潛意識裡的自卑感有關，因此七系列市場成長有限。

台灣人幾十年來都在觀念扭曲的生態下成長。從日據時期到今天的國民政府，人們真正有錢的日子並沒有很久，而三〇、四〇年代乃至五〇年代以後出生的人，大多數是從貧困中走過來的。由於經歷了無數的苦難，一旦有機會給自己一個補償性的安慰時，好房子、好車子與金錶、金鍊就成了最佳的身分象徵。於是有人用酸葡萄的口氣罵豪華車主爲暴發戶。這個名詞固然難聽，卻也十分貼切地反映出社會現象的部分實情。

今天，我們不得不承認朋馳仍然擁有不可撼動的實力，但經營羣中卻不是完全沒有缺口的，尤其是在文化水準慢慢提升的台灣社會。ＢＭＷ也是一樣，極強大的實力讓市場出現一面倒的趨勢。在一九九三年及一九九四年，ＢＥＮＺ、ＢＭＷ這兩個品牌分別推出的低利率分期付款促銷活動大獲成功，擾亂了整個市場的銷售法則，就是強勢品牌得以呼風喚雨的明證。

然而，這個優勢會是不變的嗎？能穩如泰山嗎？一九九五年之後，台灣加入ＧＡＴＴ，車市鐵律會不會動搖？答案其實是肯定的。因爲日本大型豪華車應該會排山倒海地攻台，而這樣的姿態也是最美、最強的。只是我們發現在這個動作上，日本的表現出奇的怪異，因此在雙邊談判上不太感覺得出來，難道日本也未能肯定本身的市場優勢嗎？尤其是在日幣大幅增值後。另一方面，除了豐田的LEXUS之外，日產的INFINITI與本田ACURA、三菱大車，似乎都還沒有做好備戰準備，LEXUS若孤軍深入戰場，定非好事，套用本地流行的一句話：「多戲多人看」，豪華大日本車只能勝利而不能有任何失誤，謹慎是必要的。但是高級車仍然一鼓作氣攻進市場，抬高氣勢才是對策。

這樣的日德會戰，必將撼動美麗寶島。

VOLVO安全成靠山

截至一九九四年爲止，國內進口車市場除了日裔美規的强勢品牌以外，能叱咤風雲的只有歐洲三强：MERCEDES-BENZ、BMW、VOLVO以及美國的克萊斯勒。在克萊斯勒統一以一個品牌打開市場後，也能成功地佔有一席之地，雖然犧牲了DODGE、PLYMOUTH及EGALE三個廠牌，卻得以提升市場的氣勢，勝過通用空有六大品牌，卻悄然無聲、亂成一團。

成爲三强之一的富豪VOLVO，每回進行各種促銷，就會有極佳的反應。它在一九九三年及一九九四年分別辦了兩次促銷活動，連番動作，一說是因爲GATT的發展，勢必引入日本車，就算是强大品牌也不能掉以輕心，因此富豪幾家公司先後進行大動作的成果是收到大批訂單、品牌更强、客戶羣更廣；一說是一九九三年時歐市吃緊，各家銷售情況不佳，台灣倒成了一個好的促銷市場。

何以這些品牌如此强勢？除了基本的品質之外，在全球汽車同質化愈來愈接近時，不同品牌或弱勢品牌如果不知道對手成就其强勢的理由，戰爭根本無從打起，弱勢品牌不如退出戰局。

以VOLVO而言，瑞典廠方自始就以「安全耐用」作爲產品特色，去經營外銷全球，因此會刻意針對有利的資訊作公關文宣，如發布車輛使用壽命等。在台灣的幾次進口車市經驗裡，VOLVO於一九七四年以前的表現平平，並未十分特出，但就在一九七四年當年，因爲美國首推第一期的安全標準，於是配置大型保險桿的VOLVO，成功塑造了「大就安全」的形象，讓渴慕座駕安全的購車人心儀不已，對日後的銷售產生極大的助力。

由於七四年起，進口車又被全面禁止，馬路上在跑的幾個廠牌分別留下不同的形象，其中最具良性印象的就屬VOLVO。當年的一四四、一六四造型與後來的二四四、二六四相同，車門又厚又重，有如坦克車般，「安全」也就成了它的註册商標。同樣來自歐洲的BMW，當年消費者對它的印象並不好，大多數的車主認爲它引擎壓縮比太高、溫度也容易過熱、冷氣效果不佳，所以在一九八三年前後，BMW在市場上的變化是一個相當特殊的異數。

VOLVO在限量進口的一九七八及一九七九兩年，代理權因而被迫換掉，是車商最早更換代理的案例之一。由於新代理是世界級英商太古集團，形勢比人強，舊代理根本不必多言。而新代理雖然完全沒有小汽車的銷售經驗，卻因品牌印象的自然推動，成爲這一批限量進口車中最早銷售一空的車種。因此，在一九八一年尚未正式開放進口車時，VOLVO起跑就十分順利，竟然也可以在沒有手段、沒有策略、沒有計畫，導致地區經銷商不斷地更換下，依然暢銷不止，豈不怪哉?其實八〇年代初期的台灣車市就是這樣，幾乎都是單純的第一代買家，機會與印象就是賣車的招術，只要加上業務員的勤快，便無往不利了。

但是九〇年代以後，汽車相關的資訊十分發達，購車人已有半數是二代買家，對汽車的認知漸成氣候，反而是原先的賣車人在歷史洪流中不是花果飄零就是解甲歸田。正因整個產業並沒有健康的成長背景，後起銷售人員的程度與水準不但不太能保持，甚至等而下之；加上企業內部的在職訓練，也不一定可以跟上這個注重專業的時代，而另一波消費型思潮的革命將會隨著GATT擴大影響層面，因此VOLVO今日的「安全象徵」、朋馳的「夢想之車」與BMW的「性能代表」，都會產生一定程度的變化。因爲競爭加劇，經營品質必然提升，一旦經營品質提升之後，江湖郎中式的銷售方法則會逐漸被淘汰。如此一來，原本以爲萬無一失的獨家品味，稍有不慎就會被取而代之。因此，在今天依然堅不可摧的安全代表車VOLVO，還是要步步爲營才是。

SAAB自成一格掌握契機

SAAB汽車自一九八一年五月十二日正式在台公開上市。SAAB這家汽車公司創始於一九四五年，原本是因應二次大戰需要製造飛機而設立的，不意卻因炮火沒打到瑞典就改做汽車。因此，車子一問世就很有特色。SAAB一開始就採取前輪轉動的方式，其九二、九三代號車型更强調流體力學的低風阻系數，引擎也從二行程兩汽缸起步。而SAAB更是一開始就朝自己設計、製造的「完全車廠」方向努力，因爲最初是自己設計飛機，當然也可以設計汽車。剛引進台灣時，SAAB已經進入九〇〇型，並在其二〇〇〇C.C.原來購自英國凱旋TRIUMPH汽車的四缸引擎加上渦輪增壓器，是量產轎車中第一家有此利器的汽車廠，成爲敢以技術創新自傲的廠牌。SAAB在台灣一上市就咬住瑞典的特色，和VOLVO的安全形象平分秋色，市場印象相當良性的發展下來。

這個車廠一直秉持自我創造與磨練的精神，因此能由小型車一路成長，買進別人的基本商品，然後再加以進化處理；並且爲節省研發費用，而與義大利飛雅特、蘭吉雅、愛快．羅密歐共同開發新底盤「TYPE FOUR」，推出九〇〇〇新車，在台灣則因著TURBO而走出高性能形象。十幾年來，SAAB雖然沒有創造出大的銷售高潮，也沒能在「治安危機」（若干年前朋馳等高級車一度因黑道覬覦而滯銷）時期成爲替代型高級車，但至少在消費者心中還維持了不錯的感覺：擁有德國車的可靠與先進，又有一些英國車的品味和典雅，只是總生產量一直停留在七、八萬輛到十三、四萬輛，不能算是經濟規模。

進入九〇年代，SAAB被全球老大通用看上，成爲第一家合資公司，但仍擁有自主權，且維持完全獨立經營的型態。通用甚至考慮以SAAB品牌進入朋馳S級、BMW七系列市場。其九四年新版的九〇〇車系，就是運用OPEL廠的VECTRA車系底盤所開發出的新車。兩車上市，價格可達四〇%的差異。未來如果可以穩住市場面、維持產品特色，繼續强化其售後服務體系，商機應該不壞。

AUDI、VW不分家有礙前景

在歐洲勢力頗强的VW集團，在台根基也相當穩固，可惜的是，旗下VW(德文原意爲國民大衆車)與AUDI高級車，產品線都不短，長期以來又共處一室(同一集團)，造成銷售狀況忽起忽落的特性。舉例來說，當AUDI的新一〇〇/二〇〇系列在八〇年問世時，著實吸引了不少高級客戶，正因市場導向自然的出現熱潮，於是AUDI銷售量亦呈自然成長，但是VW卻被冷落在一旁。當美國市場上傳出自動加速的誤會與棘手事件出現而影響本地銷售時，便自動轉向VW，形成未能持之以恆地塑造品牌效益的缺失，使得AUDI的形象非常模糊不清，甚至落在SAAB之後。

事實上，這個汽車產量係歐洲最大、營收也高居全球第六大的汽車集團，自一九九五年起AUDI便採取A計畫行動，將旗下車系改以A8、A6、A4等代號推出，而最新的A8一推出，就以四二〇〇C.C.四輪傳動車型大獲好評，甚至有超越朋馳S系列、BMW七系列以及積架XJ四〇等趨勢。尤以原八〇車系，造型極美，在德國境內正是兩大强BENZ一九〇或C CLASS與BMW三系列的實力對手，未來將會以A4代號出現。台灣現狀其實是不健全的。總之，AUDI是一個亟需獨立且全力經營的高級車種。

另一個VW今年出現全新改型的入門車POLO，有三門及五門兩款，延線上去是GOLF、VENTO與PASSAT，共四級，都是已經翻新過的車型，產品力相當驚人，或許可以成爲環保與油耗標準在台祭出之後，受創極重的大部分歐洲品牌的復仇先發部隊，叫醒市場，促使其他歐洲車廠在台復興，迎向GATT新年代。

以現今產品規模與競爭實力而言，VW作前導可說當之無愧，尤其是其品牌形象又一直具備純種德國車的特色，銷售的阻力沒有，助力卻更大，是其他形象下滑、尚未重新得力面對市場的衆家廠商所難以比擬的。因此，如果VW與AUDI在台灣有分立的兩個銷售網路與不重疊的行銷通路，潛力不可小覷。我們可以從德國高級車三雄的比較表中，更清楚的看出AUDI車系的競爭力。

AUDI	BENZ	BMW
A8 4200C.C.	S420 4200C.C.	740 4000C.C.
2800C.C.	S320 3200C.C.	730 3000C.C.
	S280 2800C.C.	
S6 2600C.C.	E320 3200C.C.	530 3000C.C.
A6 2600C.C.	E220 2200C.C.	525 2500C.C.
2000C.C.	E200 2000C.C.	520 2000C.C.
A4 2600C.C.	C220 2200C.C.	320 2000C.C.
2000C.C.	C200 2000C.C.	318 1800C.C.

而除了A系列之外，AUDI還有S系列的跑車性能與四乘四的陣容，在台灣加入GATT之後，也足可與日本車廠一決雌雄。不過由於AUDI在台灣的代理權與BMW屬於同一集團，也許市場爭奪戰上，會發生德國車自相殘殺的後遺症，相信這也是業者的顧忌之一，雖然AUDI係以前輪傳動和四乘四爲特色。筆者以爲，如果VW和AUDI這兩個基本上都是一方之霸的品牌不能分立經營，其結局就會類似福特現象，產品自相重疊，印象不明、形象混淆，讓消費者也無從適應，只能獨大VW，甚爲可惜。

JAGUAR新局待創

再來看英國的JAGUAR（捷豹汽車）。倘若把它單獨提出來也許十分勉强，因爲它在台灣市場的重要性日漸衰頹。一九九三年，當朋馳全年含貿易商銷售達一萬二千輛的驚人數字時，這個英國貴族居然只賣出二百餘輛，不到朋馳的二%，較諸在美國市場羣車爭雄下，捷豹擁有朋馳四分之一强的能耐來看，JAGUAR在台灣已成沒落的王孫貴族是不爭的事實。想必這不是福特當局購併捷豹的初衷。

其實，JAGUAR有如英國汽車工業或英國政情的一個體溫計。大英帝國二十世紀初囊括羅馬帝國七倍版圖的日不落國氣勢，曾經令日本人羨慕不已，並且努力效法。但是，從汽車工業觀察，七〇年代工黨政府的國家經營理念過於社會主義，因此曾經是百花齊放、爭奇鬥豔的英國汽車工業變成腐敗的國營事業，品質亂七八糟不說，公司經營更乏善可陳。因此，JAGUAR曾在五〇年代的法國LE MANS大賽車奪魁所建立的超級GT名車地位，幾乎不保，甚至被傳說成「一次得買兩部」的笑話，譏諷它一部車開、一部車隨時待命救援，或在入廠維修時備用。

這個大問題在一九八〇年時，因爲保守黨的柴契爾夫人厲行民營化政策，帶給JAGUAR一大轉機。JAGUAR由合併的英國禮蘭汽車中獨立出來，並且在一九八四年股票上市。當時的總裁JOHN EGAN大刀闊斧地進行整頓，很快的，ＯＥＭ廠商有了回應，品質日新月異，JAGUAR出口數再創佳績，在美國市場從最低迷的一九八〇年三、〇二九輛躍升到一九八六年的二四、四六四輛；總裁MR. JOHN EGAN更獲頒ＳＩＲ爵士勳章，從此爲榮耀萬分的爵紳階級。

然而在一九八七年發生了一件更大的事，十八年來首次全新改款的新捷豹ＸＪ四〇誕生，這款JAGUAR創辦人生前看了一下的新車，正好與ＢＭＷ新七系列同時問世。在台灣，JAGUAR當時仍稱積架，上市當月全省收到的訂單超過二〇〇張；但是那一年台灣代理商卻只分配到一二〇輛，因爲廠方無法增量供應。

問題是，JAGUAR的救星SIR JOHN在發展他個人生命中的第一次ＸＪ四〇時，錯估情勢，完全放棄原來第三代ＸＪ六的架構，甚至也否定十二汽缸的代表作，並且進一步下滑到二九〇〇C.C.級引擎，幾乎推翻了JAGUAR的應有個性與生路。尤其嚴重的是，新ＸＪ四〇研發費用的實際支出高達預算的兩倍，終於造成JAGUAR轉賣給福特的事實。當然，SIR JOHN並未失職，他非常巧妙地在有意染指JAGUAR的美國通用與福特之間，創造出絕佳良機，於是以十六億英磅的天價在一九八九年達成協議，賣給福特。

經過這一、二十年的波折，許多JAGUAR的忠實客戶嚇破膽了。在台灣原本也沒有幾個人專心研究汽車近代史，自然更不會有人去訴說後宮舊事。而JAGUAR這些年來沒能繼續搭上台灣的成長列車，只在一九八八年達成全年在台銷售七四〇輛，其餘都是百餘輛而已。特別是以今日經營者的主權係在新加坡財團手中，要創造銷售佳績更是難上加難，因爲高級車的經營需要高階社交活動，也就是有如企業家第二代之間的社交活動一般，不是傳統行銷即可竟全功的。這其實就是一九八四～一九八九年間的三信商事總代理時期，能創造高峯的主因之一。

就如新代理在一九八九年所宣示的，他們的目標是一九九〇年三二〇輛，一九九一年爲四八〇輛，一九九二年六五〇輛，一九九三年八〇〇輛，然後在一九九四年躍升到一〇〇〇輛，可惜五年下來銷售總數不到八〇〇輛。可見高級車的經營不比台裝車，也不是完全無視歷史演變所能巧合達成目標的。對台灣本土人文的異動不能深入，或對社會欠缺敏銳的觀察，則一切行銷動作都是空洞、沒有生命的。不但高級如JAGUAR這一階層的消費羣，不易讓沒有實質生活歷練的行銷人員所掌握，許多次一級的商品也不是經驗法則的摹擬就能成就的。

JAGUAR的特殊更在於它的歷史層面，有些人刻意把一九八三年以前的問題，一股腦兒丟給英國或當年代理國泰汽車與禮蘭汽車，也有一些人乾脆把一九八九年以前原廠的瑕疵也一併推到先前的代理商身上，沒有想到拖垮的是整個品牌的信用，以及不再回頭的客戶。因此當今天JAGUAR總代理權仍牢牢控制在新加坡人手中時，我們可以斬釘截鐵地說，不但不會再出現驚奇的市場高量，到了GATT時代，JAGUAR在日本大車壓境之下，必日益艱困。目前廠方計畫在一九九八年推出讓歐洲人等得幾乎流口水的小捷豹X二〇〇，似乎已是引遠水來救近火了。

義大利三品牌痛失江山

義大利的三大品牌：飛雅特（FIAT）、蘭吉雅（LANCIA）、愛快．羅蜜歐（ALFA ROMEO），如今已經全部歸籍於FIAT集團，它們在台灣都曾有過輝煌的歷史。像FIAT的車子，到了九〇年時，全台所有品牌的總車口數還在前十名之列；在一九八五年時，更可說是紅遍全台。

LANCIA的表現雖然沒有那麼驚人，但是與SAAB合作的TYPE FOUR車系——THEMA在台上市時，是有史以來唯一能夠對瑞典SAAB與德國BMW在個別市場內造成威脅的產品。當年的代理商手中還有英國JAGUAR，因而能以JAGUAR對抗BMW的七系列，同時提升LANCIA的地位，用THEMA去攻打五系列，甚至企圖以PRISMA對抗BMW三系列，因爲當年的PRISMA孿生車系DELTA，正以義大利之光的姿態在全球越野車大賽中連戰連勝，聲望如日中天。

而其大車THEMA正是與ＳＡＡＢ合作開發底盤的新車，可直接與ＳＡＡＢ九〇〇〇相提並論，也是一次可以把LANCIA品牌地位營造出特殊感覺的歷史良機。

至於創造出世界車壇珍寶法拉利（FERRARI）的義大利ALFA ROMEO，曾經擁有全球賽車界的祭酒地位，品牌本身即有說不盡的歷史與典故，其中最常被提及的，當然是以賽車隊經理之職，自行成立車隊，並造車參賽的ENZO FERRARI先生了。曾經擔任ALFA ROMEO車廠賽車經理的ENZO，迄今仍然讓世人懷念不已，然而很少有人會想到，如果不是ＡＬＦＡ車廠，這個世界可能就不會有FERRARI的出現。

事實上，ＡＬＦＡ在六〇年代以前的世界賽車史中，一直是第一名的代名詞。但是這個車廠後來長期歸屬國營，犯了大多數國營企業的錯誤，於是竟有和日本日產合作生產小車的情事出現，但這也挽救不了危機，到最後只好併入ＦＩＡＴ集團。在台灣ＡＬＦＡ曾經也有不錯的銷售表現，但是當台灣一頭栽進自動排檔的世界時，義大利式唯一手排的開車法就突然令其煙消雲散了。

表面上看，義大利車是敗在缺少自動排檔的車種，但是目前台灣市場上仍然有每年六萬輛以上手排車的銷售數字，因此這不能完全怪罪於此。當德國車在台反擊義大利車時，最大的利器之一是自動排檔，因爲自動排檔被認爲比較高級；此外就是德國車品質優於義大利。其實，在九〇年之前，這種說法是不應該成立的，因爲當年在義大利車陣營工作的人口數多過德國車。因此真正的問題是台灣代理商的人才外流，當賣義大利車的人流往德國車時，造成的相對性影響力是加乘的四倍力量，使得市場一面倒，這是經營者始料未及的。

另外，經營者沒有把正確的用車觀念傳達給國人、同時穩住自己的品牌地位也是問題之一。使用手排檔車，表面上感覺似乎比較不方便，若真如此，最該買自排車的人應是計程車業者，但是有多少計程車用自排？這不是省油的比較，因爲依國外數據顯示，在市區或高速行駛下，自排車不一定比較耗油，其真正問題出在金額頗爲可觀的維修費用。但是台灣的用車奢侈程度幾乎是全球之最，可以說整個用車生態在台灣表現出來的完全是一種暴發戶的社會現象。這種現象又和經營事業者有十分直接的關係，因爲從無知到有經驗，業者本身是第一個可以教育消費者的人，但是在這種缺乏長期經營遠見的情況下，市場上的純人性化發展下來，就是台灣車市如今的現象，資本主義氾濫後的炫耀性產品已經大獲全勝。

不過，有些業者卻仍以爲「風水輪流轉」，「十年河東十年河西」，有一天市場主流又會回頭的。這是很荒誕的想法。在台灣經營汽車業，除了太多的政策干擾與控制之外，適度的自由競爭是必然的，因此知己知彼仍相當重要。車商必須深入瞭解本身品牌的產品特性，將之融入所處的文明程度與特質中，並加以潛移默化引導潮流、發揮影響力，否則就會喪失市場、拱手奉送江山。這是今天日本車完全取代八〇年代歐洲車風光年代的行銷特徵之一。

汽車是最佳的經濟侵略財，同時代表文化象徵，所以汽車的銷售手段包含了極大成份的「毒素」，除了告訴你誰的品質好之外，還意味著哪一個國家才是勝利者，所以國力宣揚亦是廣告的一部分。義大利車在進入九〇年時，可以說完全沒有用到當年全盛時期的優勢，不但沒有讓國人更認識義大利，也沒有讓義大利人更認識台灣，進而影響彼此的官方關係。較之日本的强勢政商結盟作法，差距何止千萬里?在入關前，我們更是看不到、聽不到義大利這個國家的聲音，因此義大利痛失江山其來有自。

SEAT美景不再

來自西班牙的SEAT是誤闖市場成功的特案。由此也可以想見，國人的汽車資訊與常識在一九八四年時還是如何膚淺。以一個次級國家的裝配品質，就像台灣裕隆之於日本日產般，原只是義大利FIAT組裝廠的SEAT喜悅汽車，竟能因緣際會在台灣風光一時，甚至幾乎成爲進口品牌的龍頭老大（這也是全球異象之一),其實說穿了,就是因為台灣欠缺汽車文明的認知所致。

當年的喜悅以保時捷引擎迷惑衆生(保時捷向來代表的是超級跑車,居然可以廉價買到),正是抓對了時機,碰上國人購買國民車的能力剛萌芽,卻又恨台裝車不爭氣之際,於是一出手便不得了。現今我國的共同引擎案以為到公元二〇〇〇年即能創造五〇〇億新台幣市場,就是想用這個簡單的保時捷效應,認為拿LOTUS的名氣來賣或有同等功效。只是比較荒唐的是,這裡發表的五〇〇億市場不知道是用什麼基準計算出來的?或純屬憑空推測?因為以全球現狀來看,四汽缸引擎的OEM售價不會高過美金四〇〇元,若按此價格計算,表示在公元二〇〇〇年時,我們這具引擎有年銷五十萬顆的能耐,稍有常識者都知道那是不可能的。

回頭來談喜悅汽車。這家車廠棄FIAT、改投入德國VW集團後,企圖以新的德國品質來帶動銷售,但是在台灣汽車消費型態迅速變化下,先前被環保新規則所挫平的銳氣,其實只是一個巧合。在一九八五年~一九八九年的五年時間裡,喜悅汽車其實已到了產品的極末期,就算沒有任何新規則,其市場魅力也已經跌入谷底,但是國內外的商家似乎都不接受這個事實,因此,不但還想恢復或維持原有戰力,甚至要超越。這樣的市場認知差距自然造成了這個品牌的代理易手。

喜悅汽車代理權易手後,有相當長的一段時間還是由原來的專業經理人經營。

可惜市場是現實的，最後不得不改名轉運，因此有了西雅汽車的誕生，一下子好像又有一些轉機，事實上這只是巧合。因為自一九九四年起，西雅汽車的新型小車加入產品線，在强力促銷之下，恢復到月售一百餘輛的數字，比起代理權易手初期，僅有單一新車在市場上苦戰强過數十倍；而且原來的單一車款TOLEDO，雖然融合了拉丁民族與歐洲本土的設計品味，卻因為母廠VW的VENTO搶去很大鋒頭，售價又太接近，吃力更是必然的。因此，西雅汽車能在目前三種車型下穩住百餘輛的數字，已屬不易。

其實這就是西雅汽車可以維持的最佳市場規模了。如果西雅仍妄想有一九八八年時年銷萬輛的規模，必定是自找苦頭。今天的台裝車已到了幾乎與日本原廠同步或等質化的境界，歐市的小型車不但要好，更要有好名氣，如德國VW旗下的POLO在一九九五年進入國內，就會對法國的標緻一〇六、三〇六等造成壓力，當然也會是義大利FIAT的PUNTO所不希望碰到的對象。所以，西雅汽車在全車系如今已全數出動的情形下，又有很具彈性的經銷模式，可說是到了盡全力的地步，能維持小康局面已是不易；再者，西班牙母廠最近二、三年來狀況層出不窮，且近乎關門大吉，其末端的代理商自是更加痛苦了。

OPEL中外合作佳景可期

另一個德國品牌OPEL，被其他德國車的經營者故意歸類到非純種德國車的領域裡，影響不小，這不是理性與否的問題，而是商場競爭中的現實與無奈。商場和戰場一樣，誰的聲音比較大、容易被消費者聽入耳，誰就贏了。

在台灣的現階段競爭裡，我們很難將OPEL與美國GM分開，因爲國內有一個美國通用設立的分公司，一切作戰指揮中心都屬這個單位主控，而這個單位也控管來自北美的SATURN和德國的OPEL。也就是說，除了來自歐洲的產品力之外，很重要的一件事情是，參謀本部在哪裡？哪些人主導著戰略與戰術？這大大的影響了品牌的自主性與發展性。現下OPEL有台灣裝配的ASTRA精湛計畫，加上已在九四年秋上市的CORSA，以及上市許久的VECTRA和九五年上市的OMEGA，事實上已慢慢地重新建立基礎。這是經過許多波折後好不容易才有的成就，算是難能可貴。

從歐洲看OPEL的表現並不是很滿意，因爲在九〇年以前，這個品牌一直很不靈光，所以美國通用決定買下SAAB五〇%的股份，目的之一是將來說不定要把SAAB變成歐洲的另一個AUDI，專走高級路線，而原來的OPEL就是V

W另一個平價國民車體系。通用在買下英國LOTUS後，也曾透過LOTUS，幫忙OPEL推行引擎動力系統的改良與研發工作，但對OPEL竟起不了作用。有趣的是，進入九〇年後，OPEL的表現竟然一年好過一年，於是通用又出售LOTUS，而OPEL車系最新版的OMEGA終於在九四年問世，在歐洲中大型車市場上還引發不小的震撼。

OPEL產品陣容終於步入健全，而戰略規畫與戰術的運用，在台灣是需要格外用心的。至目前爲止，一般的戰略與戰術資源是掌握在通用台灣當局手中的，大老級只負責銷售的國產汽車公司，只能有經營管理的動作。而國產汽車卻面臨全面失利的戰場現狀，北美通用的別克和龐帝克，無法以獨立一軍的姿態迎敵，因此已完全喪失北美當地的優勢，不但無法對抗美國克萊斯勒，反而在自我車型的調控下，不得不以全部的戰力去對抗一個克萊斯勒，九五年起甚至停賣龐帝克與奧斯摩比，可說愈戰愈敗。在通用台灣旗下唯一的例外，只有在台裝配的OPEL，因爲有台裝車，所以在宣傳與對外的競爭上，像一個獨立的個體，有自己的聲音，這是OPEL可以存活的機會點之一。否則在大通用的帽子裡面，OPEL會變成一支小型編組的弱兵，終究會被消音。

目前仍以北美通用爲主導的台灣通用公司，一直落在自我設限的棋盤中，一切都不能跳脫已有的窠臼，把極大的通用硬擠入小小的台灣，有如裹小腳一般，把好好的產品陣容拆得四分五裂，就連可以攻擊作戰的籌碼，也分割成難以成軍的小組。因此，ＯＰＥＬ能有獨立軍團的感覺已是萬幸。尤其到一九九四年末，所謂的九五年式新車出籠，ＯＰＥＬ將以全新OMEGA領軍，配上頗具競爭力的價格，是在九〇年之前，被新環保遊戲規則打敗的歐洲衆廠牌中，能及早收復失土的廠牌之一；但重要的是，居本地策略主導地位的台灣通用當局與行銷第一線的國產汽車，能否心口合一地面對多變、多敵的市場。按理說，如此的組合是一支大軍的姿態，反敗爲勝應是可預期的。

第十二章 進口車爭霸戰（二）

法國兵團的三支大軍：雪鐵龍（CITROEN）、標緻（PEUGEOT）與雷諾（RENAULT），進入一九九〇年代時，被環保、能耗、噪音等新遊戲規則掃了一刀，從此氣衰力歇。

輸得最慘的是，整個法國印象就此淡出，至今消費者依然說不出法國車的代名詞是什麼？一九九四年第二季，雪鐵龍的廣告提到不少法國印象，但是焦點相當模糊，想必效果不佳，不久後就未再出現過，這種淺碟式的作法頗爲可惜。其實，即使辦法弄對了，若缺少真正可以拿來「植入」的商品，廣告的效果仍會大打折扣。畢竟人們是很難拿一架協和號空中巨無霸去和一輛沒有焦點的車子作直接而有效的比較或聯想的。好比一九八一年瑞典的SAAB 900 TURBO在台初上市，TURBO是什麼？就在SAAB 37戰鬥機的襯托下變得異常神奇。

法國車裡，產品特色最清楚的首推雪鐵龍，但是多年前太超時代的BX太多FRP車身組件卻嚇壞了不少人，更早就有的液壓懸吊系統也被敵對廠商說成致命的要害；而第一線的戰鬥人員，從散兵游勇到豐禾的台裝裕隆車背景人馬，基本上都缺乏汽車常識，尤其是機械與行銷歷史典故方面，這些都是販賣進口汽車者所不能不具備的基本知識。

雪鐵龍另一個先天上的缺點，是採行法國以及歐洲普羅大衆的用車哲學。在歐洲，除了極少數大車如朋馳S級以外，最暢銷的款式通常都是五門式的，但這個訊息在台灣未被正式提出，因此市場仍以四門爲主力型式，無論車型大小皆然。而這也是以斜背式爲特色的雪鐵龍一直無法有效突破銷售瓶頸的原因。一九九四年雪鐵龍平均月售二五〇輛左右，還是拜乍看之下有四門之姿XANTIA的新造型、好價格與大空間所賜。至於車型最大的XM，則和其他次品牌歐洲車一樣，難有突破。

標緻車系健全

PEUGEOT這個原本在台叫作「寶獅」的法國車，一九七〇年代曾經風光一時、不可一世，但台裝化之後，表現一直平平。早年的五〇四車型雖然後行李箱是典型的「斜垂」式，銷售卻表現極佳，是一九七五年以前的强勢車種之一。

其實，標緻（PEUGEOT）集團自羽田機械接手改名之後，銷售通路就因爲與預期目標不符而產生變動，售後服務體系更是不夠健全，因此也有數次異動。這是犯了「滾石不生苔」的忌諱。其產品與同一集團的雪鐵龍相比，特色雖然較少，造型則已有一定的品味與樣式，車系也堪稱健全，九四年有一〇六、二〇五、三〇六、四〇五與六〇五，其中的二〇五式已進入新車型時期，新車叫二〇六；六〇五雖未大改，至少有小修正版出現。但是這個進口的法國廠牌除了曾經幾乎造就二〇五旋風外，目前似乎是乏善可陳。其多數車型都有義大利賓利法尼納設計的線條，是可以塑造成一個家族色彩，强調設計、品味與造型的。如果客戶忠誠度創造得出來，以標緻的產品線，一定可以有一番景象的。可惜在市場泛歐洲化的情況下，獨木亦難撐巨樑。

雷諾小車難成救星

再談國營的雷諾汽車，這些年在台灣也陷入極糟的低潮期，尤其組裝廠的三富，股票上市後一再累賠，根本找不到病因，甚至得不到原廠的諒解，還差一點後援中斷。一九九四年台裝版TWINGO上市，被寄予厚望，訂單並不少。但如果將這輛車當作救星，是很不明智的。

第一，TWINGO畢竟只是一種小型車，且只有兩門，不是MARCH或嘉年華、祥瑞等的競爭對手。過去因爲這個市場太小，許多車廠不想投入，一旦被發現潛力尚可時，必定有其他商品進入。如MARCH兩門式就很具魅力，若是在市場上推出，TWINGO的獨特性就立刻喪失。

第二，小型車的附加價值及邊際利益較小，對大資本經營的汽車業來說，資本報酬比再怎麼算也划不來。特別是當一個品牌被定位成迷你型車廠，一如大發之於祥瑞或金美滿之於大慶，當他們進入次小、中型車市場時，將有莫名的阻力出現，使其難以和其他同級但大型化的車廠競爭。

第三，當太古集團想染指雷諾代理業務時，曾聲稱RENAULT旗艦SAFRANE的定位與售價最多只能在VOLVO的九四〇級數，但事實上在歐洲市場的牌價裡，SAFRANE是與九六〇同級的。太古集團這樣的說法，完全針對品牌弱勢而來。

雷諾（RENAULT）	售價（英磅）	富豪（VOLVO）	售價（英磅）
SAFRANE 2.2RN	一六、九〇〇	940 2.3S	一六、六九五
SAFRANE 2.2 RT EX	一七、九九五	940 2.3SE	一七、七九五
SAFRANE 3.0 RXE	二六、〇〇〇	960 3.0	二六、九九五

如果以爲高級車大戰能夠用低價搶佔市場，其實是短命且危險的作爲，因爲高級車如歐洲雷諾SAFRANE的三〇〇〇C.C.級，在國內是一個最尷尬的市場。原因之一是其定位高不高、低不低，所需的銷售規畫不但要有公司當局的完整策畫力，更要對業務人員進行高級班的訓練，以及强而有力的內部自我鍛鍊，否則低價只能造成短暫的榮景，很快就會敗下陣來。對許多品牌來說，進口系列產品的成功，才是塑造品牌地位的不二法門。也就是說，光靠小型車，品牌地位的提升

是完全沒有希望的，因爲小型車的象徵意義就是廉價與簡單、可愛，無法與先進科技或安全可靠結合，甚至是背道而馳的。

第四，雷諾有輝煌的賽車紀錄，尤其在最近幾年。但是，就台灣目前的交通現狀言，根本不適合以快速作訴求。雖然賽車不只是講求快速，更要有強大的科技實力作後盾，可是沒有相關產品上市，即使上廣告也是不切實際的。因此，如何運用及擴大產品陣容，落實員工素質的提升與在職教育訓練，激發客戶對品牌和公司的忠誠度，成爲上戰場前的基本動作。

總之，法國車三大品牌在國內都已打滾數回合，人事變化也經過多次調整，如果看清時局而不拘泥於封閉的經驗法則，改變所有權者介入太深的經營，放手給令人放心的專業經理人去管理，法國車仍是可爲的。上述問題當然不只出現在法國三大，更是台灣企業的一大弱點，以及企業無法升級的主要原因。

ROVER成了迷境孤航

歐洲繞了一圈之後，尚可一提的大概只剩下英國最近失身賣給德國BMW的ROVER了。這個車廠其實是很有歷史背景的，在台灣卻無太大的知名度。

有關英國的政治制度與汽車產業變化就毋需多言，單就這個品牌來看，首先當然是消費者對它的陌生，無論解釋爲歷史的包袱或人爲的失策，都無益於事實的改變。因此，當問題出現在經營者自身的KNOWING和DOING兩者之間無法解決時，買車人當然不會主動替業主尋求答案；尤其ROVER較諸前面所提到的任何一個品牌都讓國人感到陌生的時候，實務經營更是難上加難。

ROVER過去曾被認知爲AUSTIN，但兩者似乎又沒有直接的關聯，再說以前是哪一家汽車公司在經營，也沒有多少人有概念，亦即品牌印象極淡，毫無知名度可言。在這個市場區隔裡，比這個品牌更具吸引力或知名度的同類商品太多了。基本上，我國汽車市場就像一個迷宮，外行人搞不清楚究竟有哪些汽車品牌，「行內人」又以爲人人都認識自己，認知差距愈拉愈開，現實與理想相隔無法以道里計。

總而言之，ROVER這個英國車廠是八〇年代才再生的品牌，先前是英國禮蘭汽車的一個支系，一九八六年起與日本本田合作，裝配並生產本田已產製的汽車。最早期的ROVER 214型曾由貿易商引進台灣，但與第四代本田CIVIC一樣，當年ROVER仍停留在一個車系的名字而已。到了一九八九年，原來的AUSTIN ROVER集團，旗下一堆品牌全都擱置一旁，集團名稱正式改爲ROVER，港譯「路華」，台灣通稱「路寶」。此時ROVER仍然與日本本田維持極密切的關係，產品日化程度相當深，但逐漸突顯出英國色彩。

在ROVER現有產品系列裡，二〇〇／四〇〇就是上一代的本田CIVIC及DOMINE的同生系列；最新的六〇〇正是目前的ACCORD，但造型是英國另外設計，不像原先二〇〇／四〇〇係直接利用本田的車殼裝配；頂級的八〇〇系列是第一代的LEGEND，尤以八二七這款最高級車，引擎改自本田二五〇〇C.C.，馬力一六九匹，變速系統也全部採用本田產品，車身則是英國自行設計。

另外還有舊禮蘭時代的小車MINI和METRO。雖然ROVER目前幾乎都是日化的商品，但是，不知道的人仍可感受到一些「英國味」。就像美國《財星雜誌》所說，日本人的歐洲經驗裡，以英國ROVER爲例，日本人就學到不少歐洲人的品味與設計理念。

當然，日本人也把品質管制的觀念傳授給英國，所以ROVER在歐洲的品牌地位日益提升。一九九四年，德國ＢＭＷ買下這個集團，不但藉此把競爭對手HONDA氣走，還接收了ROVER整個集團，其中包括四乘四越野車的全球超強品牌LAND ROVER。此外，所有英國歷史上著名的車廠，如在台灣稍有名氣的TRIUMPH、MG、MORRIS等，也都一下子全部變成ＢＭＷ的資產。

ROVER這個被ＢＭＷ認爲仍具威脅性的英國車廠，於一九九三年五月重新在台上市，可惜著力錯誤。進入九〇年代後的台灣車市，已不是用玩票方式就可以竟功的，ROVER在台灣可說是有如大海孤航，航向不定，前面還有極大的考驗。

美國通用仍在摸索

在台灣上市的美國車，如今已有七〇%算是日本車了，但因爲美國人接納這些車爲美籍，就像ABC（AMERICAN BORN CHINESE）一樣，所以只好將之畫分爲純種美國車和日裔美規車。這裡所談的自然是純種美國車部分。

一九八九年時，美國通用曾在台創下全年銷售二八、八五〇輛的歷史性佳績，是克萊斯勒（CHRYSLER）的五倍以上。但是自從設立台灣分公司之後，銷售量逐年降低，與克萊斯勒正好相反，因此終於出現輸給對手的事實；尤其一九九四年克萊斯勒的NEON和CONCORD發飆之後，通用簡直無計可施。一九九五年通用不得不中止OLDSMOBILE、PONTIAC兩個品牌，而保留另外幾個品牌，藉以扭轉局勢。

其實通用來台之後，經歷了無數波折。從經銷體系重整到新秩序的建立，迄今都還只在力求穩定而已；克萊斯勒卻在現有的行銷通路上穩健地走了三、四年，其間的消長不言自明。

從整個戰略布局來看，通用最可惜的是太拘泥於自身格局，動用了通用所有車系來和其他品牌作戰。例如在美國，單單一個雪佛蘭（CHEVROLET）就大的不得了，台灣卻只有遊騎兵（CAVALIER）、可喜家（COSICA）這樣的小格局，連應該拿來進行品牌定位的美國唯一量產純種跑車CORVETTE，也不願意進口，使本地消費者錯失認識通用造車哲學與帝國實力的機會。

BUICK是通用旗下在台陣容最完全的，從SKYLARK、CENTRY、REGAL、LeSABRE到PARK AVENUE，可以說是通用旗下在台灣唯一的樣版。但是，BUICK這個品牌卻一直無法獨大，只能在通用的傘下存活，而且和通用旗下另一品牌PONTIAC放在同一個地方銷售。PONTIAC只進SUNBIRD和GRAND AM兩款車到台灣，皆由國產汽車行銷，但整體印象卻只是通用大傘下的小兵之一。

其實，美國通用的品牌策略自八〇年末就愈來愈清楚地呈現出三〇年代史隆所建立的產品區隔理論。BUICK走的是比較傳統而豪華的路線；PONTIAC則具新潮與跑車化造型的特色；OLDSMOBILE採取豪華但運用許多新科技的商品路線；雪佛蘭自然是美國式國民車的調子，但因爲國民車意味過於濃厚，會給消費者價廉物不美的感覺，所以雪佛蘭也有考維特等高性能跑車，以及CAMERO等車種；於一九九四年重新啓用MONTE CARLO的車名，亦顯示出更完整的產品級距的企圖；凱迪拉克則一直就是美國通用、甚至全美推崇的高級豪華車代表。

凱迪拉克令人惋惜

整體來說，通用五大廠牌各自有相當清楚的產品路線，只是一直無法在台灣地區適度地展現出完整的個別品牌魅力。許多購車者怕售後服務跟不上，或零件供應出問題，但是，瞭解美國通用作業模式者都不難知曉，以台灣目前銷售的車型來說，零件共通性之大，減少推出哪些車型事實上已經沒有差別了。也就是說，通用就算再擴大產品線、拉長打擊區域，也不需增加人力負擔。

以凱迪拉克來說，這個足以稱之爲「美國第一」的廠牌，在台灣一直擁有固定客戶，近年來更有極大的產品變化，但是在台灣政府死咬住引擎容積標準的車輛稅源基礎下，大引擎的凱迪拉克永遠不會有較佳的二手車價值，因此新車的市場潛力根本無法發掘。其實，全球產量最大的豪華大車凱迪拉克，因爲年產達二十餘萬輛，所以售價相當合理，但在台灣卻被六〇%的貨物稅鎮壓住，無法有任何活動空間，只好看著朋馳S級坐上一年四、五千輛的全球第三大寶座，而守住年銷量三百輛的小局面。

另外，同屬通用集團的SATURN（鈦星）汽車，興致勃勃地以台灣爲第一個外銷基地，卻在逐漸消退的企圖心下勉强繼續銷售，似乎沒有人知道究竟爲什麼。就直覺來說，SATURN這個對未來充滿遠景期盼的名字，是不太適用於本地的，因爲它太土了；而且鈦星的金土中文譯名，無法讓人從字面上感受到任何科技憧憬或創新、突破的意涵，這是花下大筆廣告費用也無法彌補的，當然比不上NEON（霓虹）的誘人。這也同樣造成在通用傘下長不大的事實。

早年中聯汽車獨家掌舵時，未能將通用規畫成世界第一的氣度與架式，而到如今，GM究竟有多大？是不是真的是世界第一？老實講，國內一般消費者心中根本不清楚，也沒有對它產生世界巨人應有的信賴感。GM的企業形象仍需大力突破，否則它帶給人的感受，將如銷售數字般現實，不但未能打贏，九四年還輸得很慘。

克萊斯勒愈戰愈勇

相對於通用，來自北美的克萊斯勒有愈戰愈勇之勢。首先是整編了產品線，一律使用「克萊斯勒」這個名稱，否則美國哪有CHRYSLER NEON？只有在DODGE和另一個牌子PLYMOUTH才有NEON的車型。在台頗暢銷的SPIRIT也是DODGE系統才有，但是在台灣，爲了便於產品管理與品牌形象的建立，克萊斯勒統一品牌名稱，取得統一口徑的宣傳優勢。這就是克萊斯勒致勝的首要因素。

再者是銷售通路方面。克萊斯勒原由國內車壇元老級的順益企業獨家代理，DODGE部分則因軍用車輛的關係，一直是國民黨黨營的裕台企業所有。然而，一則因爲八〇年以前美國車的大引擎不能獲得本地市場的認同，再者直至K CAR時代，克萊斯勒的車子在台灣依舊是每賣必賠（因爲老美只把台灣當作是一個極小的區域經銷商，地位遠不如美國本土的經銷商，自然就限制了本地代理商的作爲），讓人覺得這個品牌乏善可陳。

DODGE後來被英商太古集團拿去，然後又突然採取品牌混合制，差一點氣走順益企業。而聲寶企業在加入汽車貿易商行列後不久，也擠入克萊斯勒次總經銷商名單。坦白說，克萊斯勒在台灣有幾個這樣大型集團企業背書，銷售不成功才是怪事。最後從聲寶的次經銷商陣容中獨立出一條線的潘氏集團士新汽車也小有名氣，並以後進的態勢做最激烈的衝刺，引發了四家次總經銷的面子之爭，競相訂車，如今四家車商的體系下除了少數直營點之外，全省共有二〇〇個以上的據點在銷售克萊斯勒的商品。這樣銷售通路的布建，連國內的台裝車業者都無法比擬，因此賣出一、二萬輛車其實一點都不必驚訝。

當然，在廣告效益上，克萊斯勒也進行得愈來愈順。九三年的CONCORD發明了一個車艙前移理論，從此猛打猛攻。買車人的心理很容易歸納爲幾種類型，賣車人的重點工作就是挑對訴求與對象。買CONCORD的人不只是認爲便宜划算，更因爲覺得買的產品有學問、有科技。否則福特金牛（TAURUS）不也又大又便宜嗎？八九年的雪佛蘭LUMINA豈不更低價，卻賣不好。所以，除了對味的廣告訴求之外，品牌印象的定位，其實是更重要的因素。

反過來說，全球最大的企業通用，在台灣輸得非常寃枉，也不值得。或許未來通用會有大動作，大刀闊斧地施展全力，以BUICK直接和CHRYSLER捉對廝殺，並且提高作戰品質，讓SATURN能夠真的以一個完整的戰鬥編組去面對競爭者。屆時，克萊斯勒就又不好玩了。再說美國福特（FORD）等於還沒下水呢！未來純種美國車市場會不會在各家車廠努力下「炒大」，就要看大家的手段了。

北美、歐洲福特皆辛苦

福特還沒下水，一方面可能是過於「福特六和化」的原因，也就是太過於生產導向，一切重心只以中壢工廠所生產的商品銷售爲第一優先。在這種情形下，所有的組織編制當然會以廠爲主要基因，並且在全球資源應用方面稍作讓步或犧牲，因而造成許多缺憾。

其次，當然是因爲台灣的進口車市場規模不能吸引福特總部的青睞；相對於美國本土單一車型的銷售量，台灣的銷售數字有時候會讓人覺得多此一舉，這是事實。再不然就是福特把台灣這個據點的全球地位定得太低，所以不能有一專責北美商品事業部、一個專責歐洲商品事業部和台灣組裝商品部。因此，自然會難於和總體市場作全面性的迎戰。

事實上，我們還可以仔細思量一下國內的歐洲福特，新的九五年SCORPIO不談其造型如何，在現狀下與MONDEO的搭配作戰，事實顯示已分散了台裝車的戰力分布，形成多面受敵，又窮於招架的局勢。而在歐洲福特的商品線中，頗具競爭力的小車FIESTA、ESCORT都還不能上場，因爲目前仍無法切入福特現有的產品線。對一般消費者來説，很多人還認定MONDEO就是TELSTAR，因爲乍看之下，兩者是有些相像，這對汽車行銷來説是相當不利的。況且若MONDEO只是一個業務員手中三十種車型之一，戰鬥力如何能提升呢?平均生產力的提升，只有在專精之後才可能出現。這也是豐田精簡車型、强化管理與績效成功的原因之一。

除了歐洲福特，北美福特在台灣的表現也令人感到十分可惜。一則是因爲係搭配銷售，難有單一作戰觀，因此，現在北美福特只進口FORD旗下的PROBE和TAURUS兩個車種，而放棄原先MERCURY車系的黑貂（SABLE）。其實，在MERCURY和林肯（LINCOLN）這兩個廠牌下，仍有極豐富的强勢車種可以引進，更能刺激市場激戰，可惜迄今是不動如迷？

以北美的MERCURY、本地稱爲「水星」或「謨客利」者來說，於一九八七、八八年之際，貿易商就引進了今年將改型的TOPAZ，數量驚人。而實際產品級距從TRACER開始，TOPAZ、SABLE、COUGAR、GRAND MARQUIS加上VILLAGER，引擎自一．八公升到五〇〇〇C.C.都有，如果能具備正常戰力，年營業額將有四十億台幣的實力。而LINCOLN車系雖然只有CONTINENTAL、TOWN CAR和MARK VIII三款，卻是福特車系的最頂級代表產品，在美國頗具口碑，或許因爲除了MARK VIII之外，引擎的動力輸出都還不夠大，所以暫不引進。但是我們卻也看到不少TOWN CAR由貿易商引進銷售，可見大型車的車主並未完全被大馬力迷惑。LINCOLN有相當優異的資歷，舒適性表現甚佳，因此美國式的豪華大車應該有不少機會擠出一些空間。若不然，福特也可以讓本地消費者對它有更完整的認知，否則依目前情況觀察，福特的整體印象已經快被定位在本土化水準，這對福特是相當不利的，也是福特一九九四年輸給豐田、陷入苦戰的主要原因。

部分外電報導，福特總部正在進行全球策略大調動，因此台灣市場未來的演變，短期內尚難看出會有什麼調整。但是，台裝的新全壘打車身放大許多，接近喜美的尺寸，造型也有不小的變化，可能與日產SUNNY同時於旺季在國內推出，居時應會對三菱LANCER造成一些影響。不過，時下車廠企業形象與品牌形象的重疊面究竟有多大，雖然仍舊缺乏調查資料，但依稀有一些關鍵性的影響力存在，是專業經理人不可輕忽的部分。若是等到新車上市後才感覺不妥，是很要命的。

福特確實到了需要檢討並深入瞭解企業形象的時候了。CQC除了與汽車專業或終生滿意畫上等號之外，消費者還要一些不同的東西。這些東西有時只是一種感覺而已至於產品線方面，福特可以運用的還很多，電腦界的IBM在台灣塑造的一些感覺，通用沒有，進駐台灣已經二十幾年的福特也沒有，著實應該努力。

日本大車入台前提

在我國加入GATT的談判過程裡，可從報章雜誌上看到許多奇怪的點子出籠，其目的不外是：㈠保護本島汽車工業；㈡避免擴大台日貿易逆差。但是，真正的企圖又像一隻大黑手，欲蓋彌彰。

首先，我國的汽車工業究竟是什麼樣子，根本已到了無法自圓其說的地步。若還有救的話，只有一途：凡是成爲完全車廠的汽車公司，其在本國設計生產的車種，給予貨物稅全免的優惠。此舉不但能鼓勵日本母廠進行真正的技術轉移，日圓漲升後，說不定可以考慮採取垂直分工的模式，建立產品整合的競爭又合作的關係，甚至從台灣出口分業後的車型，一如日本自美國進口自己的汽車般。

其次，因爲台灣本身的遊戲規則太過荒唐，日本人是絕對不會直言相勸的。改變科員政治的水準，乃是增强國力的前置作業，台灣不爭氣，日本人只是減少麻煩而已。在全球經濟戰爭中，就算台灣成爲日本的附庸，對日本的利益也很小，一直保持現有的加工站與消費點，從日本的國家利益觀點來看，當然最好。

可惜我們連設計要求日本車廠下海同游的法令也編不出來。更奇妙的是，GATT談判所衍生出的「配額分級稅制」，卻好像在替日本大車鋪路。因爲先談大原則的好處是可以包裹立法，順利通過立法院諸君的大手，接下來的細則就可以在科員政治的品質下大打太極拳了。

能源管理法成全球笑譚

這其實就是能源管理法的翻版。第七章曾提到，母法通過立法程序後，施行細則就關起門來自己搞。一如機場排班計程車的收費辦法，沒有徹底把計程車理出一條好路，卻很高招地只訂原則，把討價還價的細則部分留給司機和初抵國門的外賓，大大敗壞了台灣形象，如此觀光業怎樣發展?能源法可以開放煉油廠、發電廠，卻仍守著超過耗能標準不得生產銷售的母法，企圖進入第四期的標準。等到分級配額關稅法通過之後，這個全球唯一的法令就不會再孤單了。另一個全球唯一的進口車配額分級關稅制度一旦通過，日本車將更能大敗歐美車。

這項遊戲規則若是定案，取得各國同意以配額方式外帶三級制或二級制關稅後，當然就是直接與各國洽談進口配額的實際數字。這個數字主要來自各車廠，像日本就得十幾家一起坐下來商談，而這十幾家其實也只是幾個大廠扮重頭戲，接下來就完全控制在車廠手中，貿易商則首當其衝，第一個被排除在外。這是長期目標，如果沒有貿易商居中搗蛋，總代理就可以完全按照原廠商品計畫行事。基本上，汽車代理制度是對的，但是，爲什麼不名正言順地公開來談呢？

由此觀察，日本大車引進的時機有延後的趨勢，但第一年已有出口零件換取進口配額的「尚方寶劍」，獨家引進是沒有問題的，只是日本大車與德國大車決戰台灣的熱烈場面可能將遜色許多。

不過，市場法則是多變且快速的，今天以爲萬無一失，誰知道世局變化會如何呢？「令出多門，法不足行」，以LEXUS爲首的這些日本大車，最多是讓台灣的有錢人多一些選擇，財政部應該是樂得增加稅收，何以工業局管控至此？無論如何，日本車若要進入台灣，第一優先自然是對國產台裝車影響最小的日本大車；至於以什麼樣的方式順利引進，並且讓消費者能夠接受，則是目前的主要課題。但是現在真品平行輸入許可制度仍在，代理商們企圖在GATT談判中藉機封殺貿易商、保護自己，其實是要不得的心態。

再者自一九七八年開放真品平行輸入之後，歷經十五年，市場秩序已自然形成，消費者也能作很好的判斷，在政府相關的消費者保護法與公平法相繼通過施行後，重要的是如何讓產業與市場機能日趨健康，而非再一次攪亂秩序。朋馳近一、二年的作法就是突出品牌受歡迎的程度，本地代理商卻是一方面自原廠施壓以阻擋真品出口，另一方面則強調自身的經營品質，表示雖然是同品牌、同車種，車輛使用周期中還是有不同境遇，如此並未打擊到品牌本身的形象，是頗具智慧的作法。畢竟，打擊同品牌的「水貨」只會傷自己的元氣，對經營並無幫助。

日車必將引爆戰火

朋馳的作法當然不是放諸四海皆準的，因爲人是如此複雜的動物，私心自用、結黨營私是很自然的。日本車如LEXUS、INFINITI、ACURA都必須非常小心地跨出抵台的第一步，塑造最完美的形象，以一舉大敗BENZ、BMW、VOLVO；如何在現有行銷體系下呈現出嶄新的面貌，問鼎台灣高級車市場，是個相當大的課題。日本的美國經驗或許管用，但並非每一家廠牌都適用，如本田ACURA是成功的，在HONDA捷報頻傳之後，它以美國作爲豪華車的第一個實驗市場，得到極大的斬獲，完全不像在日本本土市場，被貼上「摩托車」水準的標籤，而且遭其他幾家大車商夾殺，空間有限。本田在美國的成功優勢，在台灣也曾經有過，但於豐田與三菱相繼登台的今天，本田的處境已大不如前。不過，這是平價車的在台歷史，並非高級車。

台灣加入GATT之後，ACURA原最具成功之相，但是一旦祭出配額法，市場規則必然再生亂局。如果是打破引擎容積限制，則戰局又更加複雜了。因此日系車種的引進，就像本書第一章所羅列的日本軍團，戰火的硝煙瀰漫是遲早的事。只是戰火之外的很多小動作常是不太理性的，希望產業的執符人與官員們，能爲社會的健康多多費心。台灣在一九七八年開放平行輸入、取消總代理制度後，已經付出過極大的社會代價，甚至犧牲了人命，希望未來任何政令的變動能多一些智慧與公平，而不是以私心、私利爲前導。

超級車絕跡台灣？

一九九四年，一個超級車的代理權生變，義大利的法拉利（FERRARI）繼英國JAGUAR後，從三信商事手中轉移。這次轉移可以說是毫無意義的，因為自我國的「車輛耗能辦法」在地球上出現時，台灣就注定是法拉利的傷心地了。

製造超級跑車的技術要求無非減輕車體重量並加強動力，這對人類智慧是一大考驗；而且超級車當然會多吃一些汽油，但也沒有人把超級車拿來當上下班通勤的交通車用，所以它耗費的汽油比絕大多數人駕駛的小車還少。例如台北一位企業家第二代，他個人即擁有兩輛法拉利，沒有牌照但有試車牌，而且有車迄今已四年以上，究竟吃掉多少公升的油呢？再如最新的AUDI A8車系，是小車中率先使用鋁合金車身的，比其他廠牌車型大小相同者約輕了數百公斤，但是耗油並不可能成等比級數節省，倒是性能提高不少，可惜恐怕就是進不了台灣市場。

但是，我們卻有合法的管道可以將這類超級跑車弄進來：㈠外國使節；㈡歸國學人或華僑，也就是所謂的「自備外匯帶車回國」。如今外匯管制早已開放，還對自備外匯做此限制有其必要嗎？透過這種管道進來的車子，可以免去一切油耗標準與廢氣排放、噪音的檢驗，大大方方地合法進口轉賣，簡直令人匪夷所思。

事實上，基於對能源短缺的憂慮，我們大可用簡單的法西斯手段來限制，規定超過一定引擎容積的車子一概不准進口。而現在我們把法令設計得繁密異常，表面上係學理高深莫測、官方用心良苦，其實是抄襲世界各國而成，但又漏洞百出，甚至必須套用國貿局動植物進口檢疫辦法來自圓其說、扼殺超級車，不僅無此必要，更是全球大笑柄。

如果硬要堅持怪法，也要將測試後的完整法規公告結案，讓大家知道哪些車觸犯台灣天條、永世不准進入台灣，甚至自備外匯者也絕無例外，這樣才算公平。否則就應該把貨物稅的分級精神落實到油耗標準上，而不是打太極拳說貨物稅是財政部的事，油耗才是經濟部的事。以引擎容積爲標準的原始概念，是基於傳統上大引擎必定是高油耗的認知，且係援用日本數十年前的作法，所以把兩項作法合併考量，改變課徵標準，不但合情合理，代辦單位也不致積怨於民間。統合目前的標準後，也許有次頁表格中的模式可行，則絕跡的超級跑車，不但可以大方地進口銷售，財政單位也能夠增加一些稅收。

這個建議的精神，一不會與自由貿易相牴觸，或被指爲非關稅障礙，也不會有失節約能源的立場；再者，所有受測的車子，一次定論，測試單位自然有時間進行抽測的工作。例如，車重在第三等級距內，卻僅能通過高一、二級的第五等級距時，則以通過的級距課徵第五級的貨物稅率，這樣將比較公平。

事實上，車子愈重，體積應成正比而愈大；反之，若沒有大而重的體積時，則必爲超性能跑車，自會進入高貨物稅欄。另外，再以美國最新科技的表現來看，其引擎有大至三三〇〇C.C.或三八〇〇C.C.者，實際耗能狀況並不差，甚至比許多歐系三〇〇〇C.C.或二五〇〇C.C.更節省能耗，但這些美國車卻要負擔較多的進口貨物稅，似乎不太合乎邏輯；當然，如果以道路負荷的概念來看，車重傷路時，重車多付一點稅，是可以交代過去的法令。

總之，唯有健康的遊戲規則，才會有健康的社會與前途，亦才能無愧於後代子孫。在全球超級車即將絕跡於台灣之際，這樣的呼籲是必需的。

或者根本取消車重法，完全改按耗能標準，將貨物稅改爲能耗稅，依售價課徵，不但可以減少高價低報進口的逃漏稅現象，且增加稅收、充實國庫。

南韓車虎視眈眈

其實，台灣加入GATT後進行配額分級關稅制的基本目的之一，正是要防備南韓汽車湧進本島，因爲南韓已成爲新興的汽車國，實力超出我國數十倍，並且早已進展到能夠自行設計車型的階段，是一個擁有完全車廠的國家。此外，南韓汽車業更在政府的大力鼓舞下，向全球市場邁進，車價極具競爭力。台灣的日本車裝配廠，當然不希望看到南韓車分食日商台規車的既有市場，又不能保護得太明顯而進一步抬高台灣與日本間的貿易逆差，因此維護日本在台利益的各種怪招一一出籠。

現行貨物稅制

引擎容積	貨物稅率
二〇〇〇C.C.以下	二五%
二〇〇一~三六〇〇C.C.	三五%
三六〇一C.C.以上	六〇%

依油耗標準建議貨物稅制

等次	車輛重量級距	耗能標準(公里/公升)	貨物稅率
1	一〇四六公斤以下	一四・七〇	二〇%
2	一〇四六~一二七六公斤	一二・〇〇	三〇%
3	一二七六~一四九六公斤	一〇・一〇	五〇%
4	一四九六~一七二六公斤	八・七〇	六〇%
5	一七二六~一九五六公斤	七・七〇	七〇%
6	一九五六~二一七六公斤	六・九〇	八〇%
7	二一七六公斤以上	五・三〇	九〇%

除了南韓汽車，馬來西亞的普騰（PROTON）雄心不減，也企圖染指台灣，在三菱的助力下它是有些份量的。另外如南非、捷克、巴西等國的小汽車，目前並沒有什麼競爭能力，大可放心。但是，既然要談分級配額制，就必須一視同仁了。

思考空間

- 進口車在台灣已是身分、地位的象徵，你認爲會永遠如此嗎？
- 一輛車如果是好車，就應該不會故障嗎？
- 我國的汽車教育與相關訓練嚴重不足，該如何改進？
- 負責任的車商應該做到哪些售前、售後的工作？
- 汽車有寒帶規格與熱帶規格之分嗎？誰說的？有何不同？
- 請試舉例說明各個國家所生產車輛的特性。
- 請依直覺寫下各汽車廠牌的特性。
- 請純粹就印象考量，寫出歐洲車系的排名。
- 英國車、義大利車和法國車各代表什麼精神？
- 如果不翻閱資料，你寫得出美國通用汽車每一個牌子嗎？
- 寫不出名字或唸不出來的汽車你會購買嗎？
- 以車子重量來核定耗油量合理嗎？
- 在台灣如果看不到世界超級名車是件很光榮的事嗎？

●你心目中的福特公司，現在是一個什麼樣的公司？

●理想的汽車公司應該具備哪些條件？

●你會成爲何種汽車公司的忠實顧客？

第十三章

中古車與賽車的悲情世界

灣的汽車產業不健康，包括的範圍甚廣，如相關於汽車的馬路，二十年前還可以用一張地圖遊遍全台灣，靠的是日據時代留下來、規畫好的公路指標。

一九九四年的今天，不但老外在台灣行路難，本地人初次出門也是不可能走通的，除非一路用問的，因爲指示告知太差了。在這種情形下，觀光業要發達，自是緣木求魚；這也是租車業不可能健康發展的主因之一，何況租車業還有保險、停車場與地盤限制等等問題。其中也牽涉到中古車問題。在在顯示出政府對汽車產業的外行，以致管理無方。

中古車問題重重

中古車難搞，問題是多重的，其中之一便是車檢制度無法落實。若企圖控制車輛成長，不妨採取年限法，不管什麼車一律分成八年，時間一到，管它車況如何，一律送進汽車墳場。事實上，應該做的是嚴格執行車檢，配合保險制度，車況不行，就不能通融准予投保，或是保費加倍。萬一未通過車檢而又肇事，即屬過失殺人罪。唯有嚴格的車檢制度，才可使車與人都能安心。

此外，中古車無法取得買賣憑證，進出貨成本無法合理化，稅捐單位不相信老百姓，銷售二手車不可能正式成爲營業行爲，此舉可說相當荒唐。其實，中古車的過戶、買賣當然可以管理，例如個人出售二手中古車時，應可先行辦理停牌與停稅，如果買方係車商，同時由賣主出具轉售價金憑證，但是對非因售車而獲取利潤者，自不應課稅；再者，車商購車後，辦理停稅的權益應予以保留至轉售再次過戶時的新車主，這樣對正派經營的業者而言，因爲有可靠的進貨憑證，過戶到車商時，不會增加轉手紀錄，反而可以經過有效的再整理工程，使車輛狀況能夠確認，並且再以中古車保固模式銷售，政府當然就可以從每年營業額高達千億的中古車買賣徵得稅收，正派的汽車業者也才敢投入這個領域。

二手車沒「法」管

不過，目前的狀況是，車檢隨便做，二手車沒「法」管，於是到處有跑單幫的人，對中古車的買者來說，非但不公平，也沒有保障。而時下的中古車市場，變成地下經濟式的方法在經營，財力稍可者，走入高級車市場；低價位的台裝車，則多半流落在中南部與個體戶；一些經過僞裝的出租車、計程車更公然地渾水摸魚，假冒私家車出售，甚至倒轉碼錶者有之、曾發生大車禍修護不良者有之，而此類中古車的買家，又有極大部分是看不懂、分不清的。嚴格來說，無「法」可管，又無

「法」輔助，就是造成另一種社會亂源的因素，官方應予以導正，而非逃避。

對消費者來說，如果不得已非買中古車不可時，最好是擁有該車的完整車源資料以及維修紀錄。在國外，許多收藏級的名車，就一定要有原始出廠與完整的車歷資料才能證明其價值，如此一來，這輛車的健康背景就無所遁形了。更新式的車歷已進一步電子化，一張ＩＣ卡就能行遍各地，不怕毛病找不到，也不必擔心自己的車被當成實驗品。這樣類似血統證明的資料，應該是跟著車子跑的，至於如何檢驗一輛中古車，更是高級銷售人員應有的訓練。當然，台灣地區這種模式尚未誕生。

事實上，目前的中古車業者也都希望台灣有一套健康的中古車營業法可循，誰都不希望被當作社會的夾縫生存者。但是，這類問題通常是中央政府、也就是由交通部、財政部或經濟部訂下遊戲規則後，丟給地方一省二市的稅捐機關和監理所去頭痛，因此，地方不會有人樂見新法誕生。因爲修訂法規者常常是不知道其間有多少手續或過程的人，執法的人當然也不會高興。

是以現階段買中古車的消費者大概只能自求多福，有時找個半調子專家，還會買不到東西又鬧出糗事來，畢竟真正懂車的行家在台灣並不多見。

賽車與現代國家的親密關係

另外一件與汽車產業的發展密不可分的是賽車活動。整部世界汽車史書幾乎全部與賽車活動有關。人類因爲醉心於速度的追求，於是有了日新月異的汽車產業的發展，但許多太過沉迷於賽車與車輛工藝的車廠，因爲疏於業務的運作，最後不得不關廠收攤，有些則成爲其他賺錢公司的旗下品牌。

歐洲各國現今仍存留的廠牌就有很多這種例子，更有一些是只留存於汽車史書的。在英國，如今幾乎已沒有這樣的車廠品牌在市場上銷售，因此整個英國汽車工業極度式微，還勉强稱爲英國本土的只剩下LOTUS、TVR、MORGAN等小型廠商，但也僅是一息尚存。義大利現今依舊活躍的LANCIA、ALFA ROMEO、MASERATI以及FERARRI都是賽車的大名家，並且因爲深入賽車競技而有很多車輛工藝方面的發明或創新，但最後都併入商業經營成功的ＦＩＡＴ集團。法國的CITROEN（雪鐵龍）也是這種例子，因此會有特殊液壓懸掛系統的堅持，但後來也被併入ＰＳＡ（標緻）集團。其他仍能存留於世的車廠，也都不得不透過賽車活動尋求突破：一是知名度的提升與形象的强化，一是藉由車輛實際的嚴格考驗，作爲自身技藝提升的依據。

賽車激勵人類開發智慧

事實上，要真正進入製造的行列，如果沒有像賽車這類活動，人類的開發精神是不可能出現的。好比說，如果只是組裝汽車，講究的當然只是線上的品管動作，其他就屬多餘了，因爲只有在賽車的催逼之下，人們才會動腦筋去想辦法改良性能。動腦就是基本的設計概念來源。

台灣距離設計的路還太遙遠，所以根本沒有想過賽車這檔事，官方當然更沒有機緣去思考。但是，當民間走入這個進程時，當局其實應該花一點時間與精神去瞭解、認識，而不是以推辭、逃避的直覺反應來推託事情。

單從汽車產業一角，我們就可發現極多需要調整的事情，而其他業界也多有矛盾困惑之處，什麼樣的決策才是爲政者當取或當捨的？何者才是國家機器不能不面對的法令？當位子上的人如何替換都不會影響機器的運轉法則時，就對了。一個公司亦是如此。

第十四章
自備外匯帶車歸的省思

在所有汽車產業的遊戲規則中，一項數十年來亦變更無數次的買車法，就是本章要探討的「自備外匯帶車回國辦法」。

不知從哪一年開始，海關大概因爲華僑或學人回國時，不得不把他們在國外擁有的車子順便帶回國使用，因而設立了這麼一個辦法，稱之爲「自備外匯」或「不結匯進口」。由於早期台灣管制外匯極爲嚴格，所以能不浪費外匯、自行攜帶汽車等物品回國，政府自可網開一面，設計出一套新辦法來使用。

帶車回國有漏洞

問題是這個辦法不得不隨著時代而改變。一九九四年以前，由於若干受限進口的汽車，在人們醉心物稀爲貴之下，竟成奇貨可居，使得不少以銷售二手車爲主的車商，無不設法擠入這項「真進口」、「真不結匯」進口二手車的辦法，也確實透過海關，按照舊車折舊後的殘值被課稅，而這些車子的主人，的確是所謂的「歸國華僑」或「學人」，但是他們通常只是藉機免費回一趟台灣而已，並沒有真正定居，所以這些車子自然流到二手車市場了。這些作法至少在表面上都是合法的，不像另外一種情況：假借外交使節特權，免稅進口汽車，然後再逃稅高價轉售，在未過戶之前，還可因車輛掛用「使」或「外」字牌照而獲免違規駕駛的罰則。

爲什麼這項行之數十年的「自備外匯帶車歸」的買車法，突然變得這麼熱門了呢？除了本地原進口車在使用多年之後，其殘值依然極高，並且高出自備外匯帶回來的同款車的成本許多，造成所謂的利潤空間，再加上國外空氣多半較爲乾燥，車況通常也比較穩定，在這種狀況下，「二手車新賣點」自然一度成爲車壇一大福音。

當然，更重要的因素是來自官方「故意」設計的「旁門」。因爲歸國學人通常是有「關係」才會被邀請回國，如此一來，當然要有一些周全的「辦法」來「順應潮流」才可以。所以，凡是自備外匯（其實已是落伍名詞）帶車回國，對目前法令管制車輛銷售的三大法寶：耗能標準、廢氣排放標準及噪音標準，都可以一律免測，直接掛牌上路，其目的無非是減少官方自設陷阱後的自尋麻煩。

再者，從理論上來說，歸國學人或華僑帶車回國之後，發現不太好用，或者覺得不太經濟，甚至發覺轉售有利可圖時，自然就會進入所謂的「二手車」市場了。這麼一來，使得一些政府單位開始關心起來，覺得內情並不單純，想必其中又有許多「官商勾結」，因此進行抓「賊」的行動，不料竟抓到一個以大使館外交人員爲背景的進口車集團。由於他們有非常好的「外交」關係，不但進口汽車，還可進口許許多多「合法」外交特權下的商品，久而久之，自然會出現鋌而走險之舉。但是，換個角度來看，當這些尚未走入「險境」之前的個案，反而成就了一些有利於外交現實的交流時，社會該如何看待這種事？或許我們應當反問自己爲什麼？

爲什麼一定要設計一些全世界只有我們才有的「法」？爲什麼經濟部所屬的單位設計一些怪法之後，財政部海關總署就得大費周章地去「堵」漏洞？法務部調查局就得排除萬難去抓出「壞人」？真正的壞人有哪些呢？

自一九九四年起，財政部海關總署不得不發出一道新命令，規定自己帶車回國的車主，如果車子不是真的很舊，就不可以按照原定的舊車進口辦法攜車回國，而必須要依新的規則辦理。

大開時代倒車

本來，這種自己帶車回國的最新辦法，是只按車輛年份，加上美國出版的藍皮書所記載的「舊車價格」去課徵稅金（如下表所示），但是自九四年起，改爲車輛如果在車主名下未超過六個月、行駛里程數也未達五〇〇〇英里時，課稅方式將採取由海關官員依照實車新舊程度進行課稅憑據；也就是說，以後這類自備外匯進口汽車的「轉賣」現象將進一步被管制。因此，在官方設計的一些法令下幾乎宣告死亡的超級車系如法拉利等，在歷經短暫的「借屍還魂」後，來日恐怕也不多。

車輛年份	折舊率	課徵稅金
當 年 份	一〇%	一〇%
第 一 年	二〇%	二〇%
第 二 年	三五%	三五%
第 三 年	五〇%	五〇%
第 四 年	六〇%	六〇%
第 五 年	六五%	六五%

到了一九九四年的今天，外匯開放已不知到好幾百萬美元，在車輛進口的管制方面，我們卻大開時代的倒車，還要自備外匯進口汽車，其中究竟有什麼「偉大」的考慮?真可謂愈描愈黑，不言而喻。

第十五章

航太工業取代汽車工業的迷思

〇年代末期，當大車廠案確定終結時，坊間傳出當局決定放棄汽車工業、改向航太工業發展之說，希冀找到石化產業之外的火車頭工業，使台灣邁入二十一世紀時，不致喪失競爭力，同時有利於國防工業的發展。

汽車業的不爭氣，其來有自。本書一再表明汽車業是一項極複雜且具綜合性的工業，這點可以從全球產業現象觀察得知。我們也可以很清楚地瞭解，在世界變局中如何才能走出自己的路，如此一來，汽車才有一定的大數量生產的可能性，而不是看起來理論基礎相同的航太工業所可以取代的。

缺乏汽車產業政策

因此，真正的問題出在我們有沒有正確的汽車產業政策和編制。單看台灣所有工業、商業與全球國力競爭條件的提升……等國家經營的重責大任，完全落在一個經濟部身上；再想一想彼岸的總書記江澤民，到上海任市長前是國務院電子工業部部長。他們過去有個「運輸及工業部」，現在則有「機電部」、「鐵道部」等；反觀台灣，卻只有一個「經濟部工業局第一組」，同樣主管所有關乎地上、海上與天上的全部運輸產業與工業政策，相較之下，作戰編制就輸了一大截，與其他國家相比亦然。到底我們有什麼條件足以與國際或彼岸競爭？

事實上，天上的空間很大，和地上一樣，有商業也有國防的，各有各的市場與空間，問題出在當局對該行業不太清楚或不是很深入瞭解時，就不會鼓勵民間進入；若真的有民間商家在裡面，又認爲那些人不務實，恐有欺騙官方之嫌，於是官方就强勢介入，並且想盡辦法繼續生存，不輕易言退，甚至不惜耗盡民脂民膏。

台灣未善加利用海洋資源更是可惜，自尹仲容時代揚子案的快艇製造斷線後，台灣幾乎就沒有造船工業，遊艇只有少量的外銷，「台灣造船廠」也變成「中國造船廠」，好像大一點的事就得納入國家經營，這完全是政治解嚴後的另一種封閉心態。真的是到了該進一步檢討的時候了，在今日世局下，海島台灣有哪些產業要趕快加緊腳步跟上世界？哪些產業又該如何調整或真的放棄？而哪一些產業不能輕言犧牲，以致一廂情願地要人家合併、解散、關廠或改製上、下游產品？這樣的說法不是蠻橫，就是對產業實務不夠瞭解，斷非國家之福！

汽車業何去何從？

若以GATT作爲台灣汽車產業的分水嶺，應該注意的是：認清楚今天台灣的車業實景，我們是不是真的已經有製造的事實與能力？如果有製造的事實，那麼這製造是翻版還是自行設計？如果是自行設計，如何讓這個動作在政府的鼓勵及優惠下走出一條路來？而且鼓勵與優惠不能透過市場管制的反世界潮流方式運作，而必須有國際競爭的認知與能力才可能成事。

坦白說，在過去的政策下，國內車廠不得不製造一些東西來跨過自製率的欄障，但這些全都是拿到國外的原車後，在台灣整車拆光，於本地OEM衞星零組件工廠重新製造，然後拼出一張自製率百分比了事。只有裕隆汽車當年搬到苗栗三義時，是抱著真正進入製造範疇的心，但是自行設計一開始目標就太偉大了，想要有「中國人自己的汽車」，這是被欠缺全球觀、市場概念者所害。因爲任何款式的汽車，都不可能靠台灣這個小小的市場來負擔全部的研發費用，一定要進入國際市場。但是，要走入國際舞台，就必須有國際品牌地位襯托，這談何容易？

因應台灣加入GATT，部分汽車團體已醞釀要求取消自製率。這對一向自認爲是汽車製造商的業者打擊當然很大，但是執符者似乎已經定案且將照辦，企圖讓國內十數家業者步入死胡同。至於進口車部分，現今官方也是決意朝「配額分級關稅制」進行，完全不顧現實的狀況。

談到台灣車壇未來的演變，首先，將來自製率一旦取消，台灣所有的汽車廠就是更完全的「裝配廠」。對零組件業者而言，如果無法成爲國外母廠的OEM工廠，就只能繼續淪落在售後服務用的副廠零件製造行列，要不就是鼓勵這些人出走或移民了。

其實若取消自製率，台灣只能透過租稅優待，鼓勵國外母廠在台生根，選一、二種車系於本地設計、製造，並向世界各地輸出。除了這一條路，坦白說，台灣不可能再談汽車工業了。然而問題是，已由各車廠開發的共同引擎如何善了？除了賣給中華汽車「威利」使用外，也許只能再等第三代或第四代的飛羚出現。

面臨如此錯綜複雜的官民混合式合作關係，孰重孰輕，誰能分辨？共同引擎使用者可以減免三倍於原有獎勵的貨物稅九％；自行設計整車或尾巴者，所有費用皆是自己支出，卻只能享受到三％，如何改變？如何自圓其說地說服國人？如果有心、有能力經營整個國家產業，就必須實實在在地瞭解這個行業的世界發展沿革，以及我國現狀之所以然，而不是坐在辦公室就可以掌握全部事實的。

配額要怎麼配？

其次，全球獨創的「配額分級關稅制」一旦過關，接下來各廠商就必須與當局保持極佳的關係，弄清楚配額是如何分配？這個分母有很多種，如該國總產量便是其中之一，這並非說不過去，甚至是真正公平的。但是，應該以哪一年爲準？去年度嗎？要從哪一個月計算起呢（汽車的年份多半是以每年九月份生產的車子爲下一年度的開始）？另外，美國有一大部分汽車是日裔美規，那算美國車還是日本車？要不要區分一下？美國人已經想到了嗎？還是他們以爲我們都很聰明的替他們弄清楚了？

再者，需不需要以各個國家個別廠牌的生產量或產能來計算呢？這也很公平，因爲不僅國家大小不一，車廠也有大有小，豈能逕以國別論斷？若是如此，是不是各汽車出口國先把自己國內的配額確定了，再知會我們呢？這樣處理的話，當然就不必理會貿易商們了。然而爲了封殺貿易商，非出此下策不可嗎？拿國家人格與社會動亂做賭注，不是太離譜了嗎？畢竟限量的目的最後不過是保護日本小車在台既有的利益罷了！

可是，有些廠牌國際銷售量不差，但在台灣就不吃香，怎麼辦呢？是不是自動放棄？如果選擇放棄，多出來的配額給誰？再進行一次標購？留到下一年也許還有風水輪流轉的機會呢！那是不是應該以該廠牌在台灣的實際銷售量爲分母呢？這樣應十分合理，否則有的配額多卻賣不掉，配額少的又供不應求，勢必將造成另一種哄抬價格的現象。

或者應該以銷售總金額爲控制單位，要不然像朋馳汽車，光是S級大車一輛就賣三〇〇萬，一年出車又達四〇〇〇輛，是一二〇億呢！若是低價位車也被限制在四〇〇〇輛，一輛不過四十萬，總金額只有十六億，僅爲朋馳的一三．三%而已，這也是另一種不公平啊！當然，其實還有不少辦法可想，也許官方的想法是先弄過關再說，至於細則，就看誰比較有影響力吧！

汽車業需要政策輔導

一九七八年台灣汽車限量開放標購進口，同時解除了總代理制度，精神上是符合世界潮流的，但是官方對汽車業的認知與輔導一直非常欠缺，造成相當大的社會不安。因爲汽車事業需要不少資金，從進口整車到陳列銷售、汽車技術的引進、專業知識的融會貫通、提供給客戶的支援服務，以及上萬種零件的進口儲存與供銷管理，在在都是非常專業，且多半都需要一定規模才能成事的。

台灣傳統汽車市場係以王祿仙推銷員模式起家，而早年的推銷員在汽車專業教育水準不佳的情況下，常有土法煉鋼之憾，非常缺乏健全的經營型態。當年的開放措施，使得台北市南京東路一個月內就多出三、四十家汽車公司馬路攤，賣車人只管賣車，很多推銷員看機會來了，就找個金主，搖身一變成了總經理；等到金主發覺汽車事業經營不是這麼一回事時，可能只好拆夥了事。其中也有不少人鋌而走險，和地下錢莊掛勾，等到生意走下坡、無以爲繼時，各類問題便一一出籠，實在不是不需有成本概念或負擔的政府官員所能想像的。

嚴肅一點來看，台灣汽車產業的入關演變，政策面的掌符人當然需要在被國際接受的前提之下，於考量國家最高利益後訂出新辦法，但這些辦法不應該是全新或從頭來過的。正如第一章所言，台裝車最大的東道主是日本車廠，就算讓日本車全面開放進口，對台裝車根本無傷，但對進口車卻有結構性的影響，因此改以ＦＯＢ課稅，才是合理積極的改變。如果對南韓車很傷腦筋，仍可在中韓雙邊經濟會談釐清，以二十年來對方從未進口過台灣的零件爲例，我們豈能一讓再讓?再者，我們也可藉由建立真正的本土汽車工業來對抗南韓車，而這絕非絞盡腦汁設計出複雜的遊戲規則便可以成功的。

第十六章
二十一世紀贏的策略

灣今日的汽車業似乎已是久病難醫，在面臨二十一世紀新挑戰的前夕，我們若從官方到產業界等各個層面來觀察，會發現問題仍然多如牛毛。要如何走進下一個世紀，的確是件令人傷腦筋的大事。我們不妨從四大方向來加以思考。

一、〔KNOWING〕，瞭解問題的本源。

基本上我們有太多問題發生在無知的層次裡，而不只是把事情想得太簡單。一家目前幾乎已退出汽車業的大集團，持著「國際化」、「多角化」的粗略概念，就想大舉進入這個行業。而在進口車銷售成功的假象之後，立刻想運用汽車賣場「百貨化」的策略，來引進貿易商模式的進口車，不到一年，就累賠近一億元而撤出戰場，更甭說要進入裝配製造的行列了。對事業本質的認知不足，實在是上市公司太容易取得資金、輕率進入陌生行業而失敗的根源。

在哈佛商業學院出版的《商業評論》（BUSINESS REVIEW）九四年九、十月號，就有一個很好的個案研究，談到如何拯救一個垂危的品牌，這對台灣汽車業來說是非常需要的。事實上，在許多資深業務人員心中，都非常清楚哪些品牌的汽車在台灣已被宣判「死刑」，哪一些汽車又的確引不起業務人員的興趣。沒有人賣的車子，銷路會有希望嗎？

二、〔VISION〕，企業遠景。

有許多企業家因爲對企業的未來缺乏遠景的規畫，當然也就未抱任何企圖心；甚至，在第二代企業家的大帽子壓力下久撐不順後，不得不放棄原有的企圖。相反地，另外有些人卻又有著太多的企圖與野心，致力朝向多角化經營邁進，以致貿然進入汽車領域。事實上，就算被譏爲「不務正業」，真正應該面對的問題是，如何適應這種「品牌延伸」。如衛浴設備的大家「和成」，許多年前就曾參與正章汽車公司的經營，而且業績不弱。但是在通用進入台灣設立分公司主導一切業務後，和成便決心退出汽車業。這可說是十分明智的決定，畢竟沒有一個事業是可以用玩票性質去經營的。當豐田以三五〇億的資金投入土地、廠房等方式進入這個戰場時，其他人要怎麼「玩」才能與之相抗衡呢?尤其若是企圖經營獨立品牌的車種，所需要的不但是一份決心，更重要的是對事業體的認知，以及對企業長程遠景利弊得失的分析。

三、環境適應力。

除了上述兩項先決條件外，最重要的是對整體產業環境的認知。例如台灣的汽車業有台裝車、有進口車，有總經銷制度，也有多家經銷、大區域經銷、小區域經銷與混合經銷等種種不同的方式，對這些現象與緣由都要有所認識。再者，混合經銷的品牌更不能與獨家銷售混為一談，特別是台灣車壇經過八〇年代後期的大洗盤轉變後，倘若經營者對若干品牌所處的境遇未能清楚掌握，又如何去適應環境呢？

四、瞭解產品。

這看起來似乎非常簡單，但是要對汽車業有深入的認識並非易事。汽車是一項擁有高深科技理論基礎的工業產品，有汽車工業就有國防工業，這是不爭的事實。日本在二次大戰後快速復甦的原因之一，正是轉入汽車工業的成功。若不是希特勒發動戰爭，德國幾家汽車公司也不會如此發達。因此，對產品的瞭解非常重要。瞭解之後，才懂得如何尊重專業的業務人員、工程師與零件人員等，也才知道一家汽車公司需要多少人去經營？應該如何滿足客戶的需要？整體來說，就是不要自誤誤人。只怕外行人「當仁不讓」，那不僅會誤國誤民，還會造成嚴重的社會問題。

政府的職責

從官方的角度來說，首先應注意的是要創造一個公平且合理的競爭環境。在這樣的前提下，務必要認清全球產業現狀以及我國的現況，唯有如此，才不會陷入外行人主政的弊病，也才能使原本屬「製造業」的汽車工業，有機會進入正常且正式的製造行列時，不必再偷偷摸摸的湊自製率，而改以大大方方的新遊戲規則：凡是在台能成爲「完全車廠」者，所生產製造的車型，給予貨物稅全免的獎勵，不必刻意標出「共同引擎」或是九%的貨物稅來誘惑業者。要言之，就是政府不能再以「導師」的角色來管理或控制業界，應將心態調整爲「服務」業界，否則就要等到國家機器大調整、徹底檢討台灣未來遠景後，再設立一個能讓業界真正接受的「部級」單位，主管汽車相關事務，打破現有經濟部「一部」統管的局面。

其次，是訂立嶄新而合宜的汽車管理辦法，包括課稅稅基的合理化、科學化。四十年前，只以引擎容積作爲各項稅基基礎的作法早就應該調整，如果真的改以現有車重耗能標準爲基礎，來課徵進口關稅、貨物稅或是牌照稅，其實是比較容易轉換的。但是，燃料稅的課徵方式，實在應該以「隨油徵收」的原則爲宜，如此才可以真正反映出實際成本，也不需擔心計程車費的調漲會影響民心與物價。事實上，在現狀下，不正常且不合理的成本轉嫁結構才是主要亂源。

第三，必須落實舊車的車檢制度。關於這個部分，日本執行得相當好，如中古車的管理訂有清清楚楚的規則，而且人人奉行不渝，已成爲法律規範之一。若能再配合保險制度的更新，就毋需另外規定車輛壽命等條款來擾民。如此一來，車主自然可以在一定的安全係數下自行評估「舊車」的耐用程度，亦可避免安全有問題的車子在馬路上跑。

第四，相關汽車事業機構的設立與用地規則，也應該要有明確的區分。由於對產業內容的認知不足，修車廠多半無法取得合法的使用權，造成社會的另一亂象。汽車業的修護與保養，有著極大的差別，其中以修護部分的烤漆區別最大，因涉及漆類的污染問題，所以限定於工業區是合理的。但一般檢驗及機油更換的重點要求係屬「廢油處理」而已，當然不可直接排放於水溝，因此，地點實無太大限制的必要，否則如美國人在家自行做TUNE UP工作，又如何設限？

第五、官方不宜介入太深，尤其是涉及商業利益者。如爲進入GATT而規畫的「進口車設限分級課稅法」，沒有人會甘心樂意地接受這只是爲了保護「國產車」而已，因爲所謂的「國產車」，根本就是「日本車」，保護到最後，只會擴大中日貿易逆差。如果「親日」能夠保台，也許情有可原，但是有誰相信？我們設計的一些遊戲規則，初看自以爲聰明，等到社會大亂，惹出國際笑話後，再想辦法彌補，早知如此，又何必當初？希望當局三思而後行。

第六，對汽車所影響到的社區發展型態的評估與認識，以及因爲未能防範於前而造成的交通問題、停車問題，都應細加思考原因，不去思索本質，問題是不可能改善的。

首先，汽車無法動彈，一是通路打結，也就是平面交會的問題，因此道路要能車暢其流，公車、轎車、機車、行人都必須併入考慮，豈能有公車逆向行駛，又獨獨可以左轉專用，這樣不把道路堵死才怪。市區內道路應該參考車輛流量，再採取正確的單行道措施，不能因爲短暫而錯誤的設計就推翻這種設計。汽車在同一時間內的量太大，就會造成擁擠現象，如果有夠長的道路供車輛使用，看起來需要繞遠路，卻可以使車輛的流速大幅提高，節省的時間反而更多，省下的能源才可觀，否則以今天台北市區平均時速剩下十公里左右，浪費驚人。

其次是停車問題。車位不足，所以當太多車輛在找停車位時，行車速度自然跟著慢下來，因此停車問題一直是世界各大都市的癌症。其實，以台北市而言，除了應該根據不同地區收取不同的費率之外，必須把目前能夠停進車輛的巷道，也一律納入管理，配合社區管理制度來收取費用，所有必須用到公共道路空間都應收費，住宅區亦然。如果自家門口怕被擋住，或者生意需要，則應向政府單位承租；路邊收費停車位可開放月租模式，以利管理，也不怕鴨霸人士據地私用，沒人敢停又不需繳費。如此一來，多少可以減緩停車位不足的現象，使問題稍獲改善。再就是做好道路與橋樑的規畫，確實掌握主要幹道的疏散功能，交通才可能變好一些。

最後，期望一個真正沒有私利色彩的「運輸及工業部」能夠出現。或是更進一步把主管台灣所有產業的「經濟部」，分開爲幾個重要的「中央級部會」，好好地和產業界合作，以邁入下一世紀的賽程。以現今官方機構的組織而言，由於人力嚴重不足，根本不可能真正瞭解產業實情，且官員被有心的大廠收編爲「地下職員」太簡單了，難免就有利益掛勾的情事出現。其實，環保署也應該升級，以主管整個國家的環境與資源，將觀光資源與運用併入管理。至於能源的掌握，就毋需主管經濟發展者一把抓，自然可除去官方機構疊床架屋的弊病。品質低下的「科員政治」，是使台灣敗壞的最大源頭，不厲行變革是沒有救藥的。

車業自身的反省

汽車業本身又要做何努力呢?早期如嚴慶齡之於汽車工業、王永慶之於石化業，這種在因緣際會下進入一個專業領域，並成爲該行業真正實質領航者的時代，必定會隨著時間的遞嬗而進入另一個世代，也就是所謂的「專業經理人時代」即將來臨。其中最大的不同，就是原來的資方兼專業經理人，將產生不得不分業的現象，因此如何分辨「擁有」公司與「經營」公司的差異，是一項新課題。

目前很多海外華人事業都早已邁入「控股」經營時代，我們卻仍堅守在「看住公司大門」的階段，凡事務必親自辦理才放心。因此當政府無法滿足產業需要的教育訓練時，企業一定要自己設法興學，培育自己產業所需要的人才，如台塑設立

「明志工專」即是一例。

在執政者無知的態勢下，業界應該自我期許，並努力成爲世界本業商情的蒐集者、分析者與建言者。台灣是中華民國建立以來，唯一真正進入行政有效的施政執行地區，一切都帶有實驗性質，幾十年來有太多的「實驗犧牲品」，迄今改善有限。政治上雖因解嚴而大有變化，但是在產業建設的層面，卻仍然如初生兒，最好能不要經歷「暴民政治」階段而邁入新境，否則台灣會非常可悲的「悲情」下去。

過去就有人懷疑產業決策階層有「被滲透」的現象，因爲太多決策是不利台灣的。審視過往許多現象，似乎是有那麼一回事，傳統認爲「諜報」、「顛覆」是軍事的、政治的，其實經濟與金融亦可亡其邦國，所以有今日的亂象是不足爲奇的。

人類近代文明一如許多古文明般，工商發達在人文學者與歷史學家筆下，常常是幾個字就輕描淡寫帶過的。其實，工商活動的內質世界反射出來後，由形而下轉換成哲學家的形而上，已經是扭曲變調，真正的哲學家與精神文明領袖，是不可能在政治的極權或威權下產生的，因此能在經濟工商活動中扭轉局勢也就不太可能。

汽車文明與國家現代化的緊密關係，就在領導者不重視、也無從重視的狀況下，落到今天的處境。就像汽車產業，我們最大的可能性就是在無法合併的情境下，進入一場近乎血腥的、赤裸裸的殺戮戰，然後是無情的倒閉與股票持有人的悲情、無奈。官員們是不必、也毋需去知道、體諒或瞭解的。

資本家未能在時代轉型過程中，培養出理想的經理人才，正是這個世代最大的問題。執政的教育機構和相關部會，早期「管理」衆人的心態，一時間仍無法「解嚴」，進入「服務」衆人的境界；比較辛苦的，自然是留在這個產業上不能走或走不掉的業者了。有一些資方，特別是在汽車業，早期係以「推銷員」的概念與行動起家，對商品本身的認知並不強，行銷理念也不夠清楚，加上社會變遷，在尋找所謂的「接班人」或「經理人」時，自然得冒極大的風險。

專家在哪裡？

事實上，專業經理人應該要有一些擔當與胸襟，所謂「天下無聖者」，亦無十全十美的人，皆當虛心求學。要扮演好專業經理人的角色，也需體會資方的困難，但一個人寧鳴而死，不應只圖一己之私或做太大的妥協。在這塊土地上，需要的是更多能夠自省的人，爲斯土斯民謀福利，因此一個稱職的專業經理人，不是滿嘴仁義道德、好大喜功的僞君子，而是能夠提出務實的「全贏」策略的將才。

現今有一些人以爲，只要在落後的台灣官員們所訂定的「配額」制度下，就可以拿這個規則當作「尚方寶劍」，一旦總部施予壓力，就推給「低級水平」的台灣官方配額制度，以保住自己的官位，我們卻仍陶醉自得於其中，殊不知這一招已在業界造成了負面的國家形象。「錯誤的決策比貪汚更可怕」，很多時候我們的決策是別人口袋中老早預備好的策略，又如何能自圓其説呢？

面臨即將到來的二十一世紀，我們擔心的是，台灣能不能熬過那個年代呢？如果台灣缺乏具遠見的企業家、現代國家經理人和專業人士，如何競爭都成問題，更遑論「贏的策略」了。

如今，要贏得商戰只有一條路，就是贏得消費者的心，甚至要計較到贏得「哪一種品質的消費者」。台灣正在不可控制的劇變中翻騰擺盪，「贏」的過程中，還包括一些理念的傳遞與教育，在商如是，爲政亦然。贏得消費者、贏得顧客，最重要的當然是知道他們要什麼？他們自己也許不知道，經理人卻不能不告訴他們。

後記

與汽車業的一世因緣

從事汽車這個行業二十年，感觸不能說不深。從最基層的零件工、修理工、推銷員，熬到多種品牌的高級經理人，回想起來，少年時期爲賦新詞强說愁所不經意涉及的人文歷史探險，或許就是使筆者變成一個特異汽車人的原因。

家父在筆者滿九歲的前幾天去世，留給我們全家無限的悲慟。在筆者的記憶裡，只剩下他的油灌車、他叫作「宮本菊治」的日本名字，還有幾張不能兌現的鉅額支票。那是民國四十九年，諸葛四郎的漫畫與筆者絕緣的年代，以後念初中，和全校同年的五位同學，在校長潘銀貴先生的接見後，由士林鎮上的一位女醫生許碧雲女士贊助全部學雜費，才得以完成三年的學業，但是之後卻造成自己强烈的自卑感。三年的初中歲月便在故意棄學的方式下勉强畢業。高中當然念不成，私校又是絕對不可能讀得起，於是開始工作，曾做過送報生、鐵工廠等工作，然後再去念省立的北二工汽車科（補校）。後來該校也改成台北市工附設補校，在現在的大安高工原址。

在半工半讀的情況下，筆者轉到家父生前服務的中油公司。那段好不容易多出的時間裡，我開始埋首書堆，五年下來，幾乎把公司的半樓圖書館看完，也因此學會舞文弄墨，以及結交許多文壇先進；想不到畢業後還能到公路局受四個月汽車技術訓練，對汽車技術總算是有真正科班的訓練。當年公路局在聯合國協助下，擁有很多先進的儀器等教學設備，是唯一提供汽車科技訓練的單位。

當年正逢釣魚台事件、退出聯合國、中日與中美斷交之際，我開始嘗試各種文體的寫作，連政論性的文字也敢大膽加入。不料後來服役時，小妹妹因爲受當年淡水飛歌事件所害病逝，家母自此傷慟欲絕，而至一病不起。

後來從金門退伍返鄉，發覺一切都得從零開始，反叛的心使筆者堅持不再返回中油公司，寧可去汽車修護廠負責零件搬運、整理、上架等工作，並向兄長借錢買摩托車，每天從士林到新莊工作。不久就跳入販賣汽車的陣營，如今一晃已是二十年過去了。

一九八〇年以前，筆者都在第一線擔任業務員，天天騎著摩托車，沿著大街小巷四處拜訪，各行各業皆不放過，特別是販賣商用車輛的若干年間，直接與無數的中小企業主洽談，有如親身走過一場中小企業成長的歷史一般，使自己更加心疼這個時代、這塊土地。因此在民國七十四年時，還曾不自量力地接辦「香草山書屋」，並進一步設立「香草山出版公司」，出版國內第一本的詩畫集，收集了六位作者的作品，也意外地拯救了本省文壇耆宿楊逵（本名楊貴）老先生曾賣斷的《鵝媽媽出嫁》一書。當年的政論書刊也是店裡的主要商品，來自各地完備的各種詩集更是一大特色。爲了讓書店存活下去，筆者又回到車輛推銷的崗位，甚至去開計程車，同時在車上賣書，而且自己去送書、收貨款。

結婚後赴美陪太太念兩年書，看了許許多多留學生的故事。在美國也繞過二十餘州，遇到來自全球各地的華人，其中有一些是受不了不同政權而叛逃的華人，中國人本就不必有殖民政策，因爲自然有人會走，何需殖民？在台灣，人們更是過慣了「世界人」或「亞細亞孤兒」的歲月，國家經營的政策豈會扎根？

數度想退出汽車這個行業，可是卻愈陷愈深，對整個產業的探索也日漸增强，終於到了不可自拔的境地。從美國回到台灣，在許多朋友「什麼時候回去？」的疑問中，十二年又過了。這十二年間，筆者擔任過一九八一年瑞典SAAB汽車首次進入台灣市場的行銷業務；八三年與友人同組公司，引進英國LOTUS、TVR等稀有跑車；八四年轉任代理多品牌汽車的代理商，任職英國JAGUAR汽車行銷主管，同時兼管義大利FERRARI、LANCIA及英國LOTUS等業務，往後還兼任全公司的企畫業務；八九年進入東帝士集團，負責汽車事業本部業務；九〇年轉任顧問，並自營義大利MASERATI，因油耗標準進入第二期，進口的新車統統無法過關，也沒有退路，因而破產；九一年再轉任正章汽車公司副總經理；九三年五月因正章結束，而至聲寶企業的汽車事業部門，十一個月後鎩羽而歸。

之後開始撰寫本書，一些朋友以爲筆者想不開了，也有許多人認爲筆者心眼太小，寫書「罵人」，內人起初也頗不以爲然，但筆者卻覺得很有意義及價值，就開始生平第一次學習使用電腦ＰＥ２，一字一字敲打出這一本書來。爲了讓一般人也能讀這本書，特別情商內人以門外漢的角度來校核這本汽車專書。卓越文化的劉建林先生也費了不少心力。在這裡同時要特別感謝總統府參議黃崑虎先生、教會長輩周聯華先生，以及從前我服務過的三信商事董事長、也是現任台北市汽車代理商公會理事長林顯章先生等替筆者作序，謝謝他們，也謝謝從小到大一路都曾幫助過筆者、鼓勵過筆者的長輩親友們。在天地間，生命雖然只是過客，在發光的一瞬間，卻是值得我們努力與珍惜的。

國家圖書館出版品預行編目

大車拼：臺灣車壇贏的策略 / 邱文福著. －一版.
臺北市：秀威資訊科技,2003[民 92]
面； 公分. -- 參考書目：面
ISBN 978-957-28593-6-0(平裝)
1. 汽車業

484.3 92009700

商業企管類 AI0001

大車拼——台灣車壇贏的策略

作　　者 / 邱文福
發 行 人 / 宋政坤
執行編輯 / 林秉慧
圖文排版 / 張慧雯
封面設計 / 黃偉志
數位轉譯 / 徐真玉　沈裕閔
圖書銷售 / 林怡君
網路服務 / 徐國晉
出版印製 / 秀威資訊科技股份有限公司
台北市內湖區瑞光路 583 巷 25 號 1 樓
電話：02-2657-9211　　傳真：02-2657-9106
E-mail：service@showwe.com.tw
經 銷 商 / 紅螞蟻圖書有限公司
台北市內湖區舊宗路二段 121 巷 28、32 號 4 樓
電話：02-2795-3656　　傳真：02-2795-4100
http://www.e-redant.com

2006 年 7 月 BOD 再刷
定價：320 元

讀　者　回　函　卡

感謝您購買本書，為提升服務品質，煩請填寫以下問卷，收到您的寶貴意見後，我們會仔細收藏記錄並回贈紀念品，謝謝！

1.您購買的書名：________________________________

2.您從何得知本書的消息？

□網路書店　□部落格　□資料庫搜尋　□書訊　□電子報　□書店

□平面媒體　□ 朋友推薦　□網站推薦　□其他____________

3.您對本書的評價：(請填代號　1.非常滿意 2.滿意 3.尚可 4.再改進)

封面設計____　版面編排____　內容____　文/譯筆____　價格____

4.讀完書後您覺得：

□很有收獲　□有收獲　□收獲不多　□沒收獲

5.您會推薦本書給朋友嗎？

□會　□不會，為什麼？____

6.其他寶貴的意見：____

____

____

____

讀者基本資料

姓名：______________________　年齡：______　性別：□女　□男

聯絡電話：_________________　E-mail：_____________________

地址：____

學歷：□高中(含)以下　□高中　□專科學校　□大學

□研究所(含)以上　□其他________________

職業：□製造業　□金融業　□資訊業　□軍警　□傳播業　□自由業

□服務業　□公務員　□教職　□學生　□其他___________

請貼
郵票

To：114

台北市內湖區瑞光路 583 巷 25 號 1 樓

秀威資訊科技股份有限公司　　收

寄件人姓名：

寄件人地址：□□□

(請沿線對摺寄回,謝謝!)

秀威與 BOD

BOD（Books On Demand）是數位出版的大趨勢，秀威資訊率先運用 POD 數位印刷設備來生產書籍，並提供作者全程數位出版服務，致使書籍產銷零庫存，知識傳承不絕版，目前已開闢以下書系：

一、BOD 學術著作—專業論述的閱讀延伸
二、BOD 個人著作—分享生命的心路歷程
三、BOD 旅遊著作—個人深度旅遊文學創作
四、BOD 大陸學者—大陸專業學者學術出版
五、POD 獨家經銷—數位產製的代發行書籍

BOD 秀威網路書店：www.showwe.com.tw
政府出版品網路書店：www.*gov*books.com.tw

永不絕版的故事・自己寫・永不休止的音符・自己唱